Military UAV

少儿军事科普图书

空中多面手
世界军用无人机秘闻

李 杰
著

江苏凤凰文艺出版社

图书在版编目（CIP）数据

空中多面手：世界军用无人机秘闻 / 李杰著. ——
南京：江苏凤凰文艺出版社，2021.1（2023 年 6 月重印）

ISBN 978-7-5594-5191-0

Ⅰ.①空… Ⅱ.①李… Ⅲ.①军用飞机 – 无人驾驶飞机 – 世界 – 青少年读物 Ⅳ.① E926.399-49

中国版本图书馆 CIP 数据核字 (2020) 第 177080 号

空中多面手：世界军用无人机秘闻

李 杰 著

出 版 人	张在健
责任编辑	张恩东
策划编辑	张恩东
装帧设计	观止堂_未氓
责任印制	刘 巍
出版发行	江苏凤凰文艺出版社
	南京市中央路 165 号，邮编：210009
网　　址	http://www.jswenyi.com
印　　刷	南京新洲印刷有限公司
开　　本	700 毫米 ×1000 毫米　1/16
印　　张	9.5
字　　数	133 千字
版　　次	2021 年 1 月第 1 版　2023 年 6 月第 2 次印刷
书　　号	ISBN 978-7-5594-5191-0
定　　价	36.00 元

江苏凤凰文艺版图书凡印刷、装订错误，可向出版社调换，联系电话 025-83280257

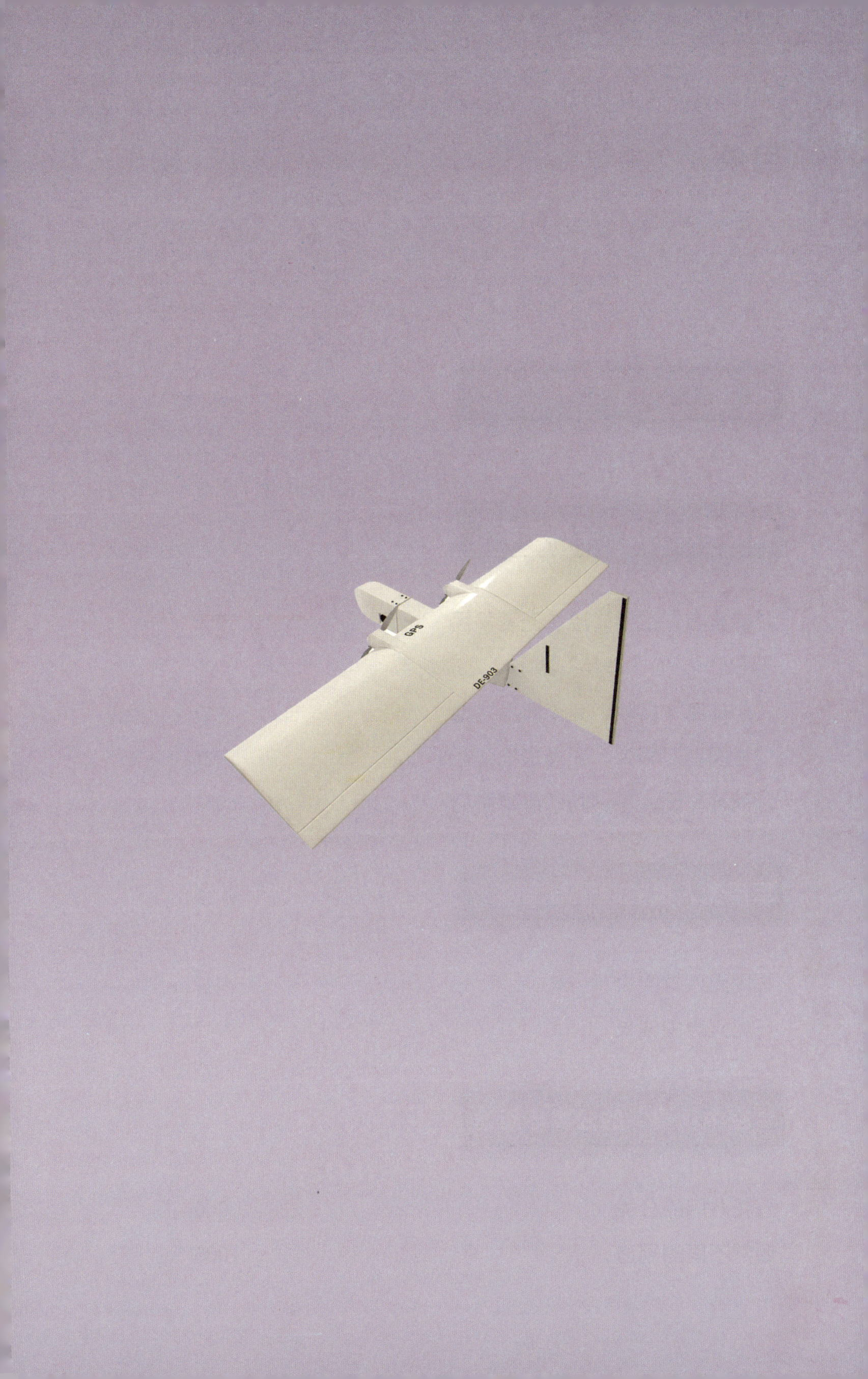
GPS
DE-903

目录

引言

现代天空中的"全新杀手"

"捕食者"误判，滥杀无辜平民　　002
当RQ-170"哨兵"遇上"无形杀手"　　009
"全球鹰"折戟，死无葬身之地　　017
"爱国者"导弹，银样蜡枪头？　　025
"死神"无人机，刺杀苏莱曼尼　　032

军用无人机的起源与演进

军用无人机问世　　042
在炮火声中成长　　047

"空中精灵"的分类与用途

五花八门的分类　　060
迥然不同的用途　　065

典型军用无人机大盘点

"捕食者",已然退休	074
新"死神",更上一层楼	080
"全球鹰",超然一流	085
X-47B,冷落淡出	091
"黄貂鱼",远程加油	097
直升机,"火力侦察兵"	103
"黑翼"机,真的有点牛!	108
"神经元",未来的霸主?	111
"猎人-B",后来者居上?	115
"雷神"机,"高大上"机型	120

军用无人机的未来发展

隐身化水平更高	128
朝高空长航时发展	131
超高速更进一步	132
任务载荷模块化	134
大幅提升智能化	136

MILITA

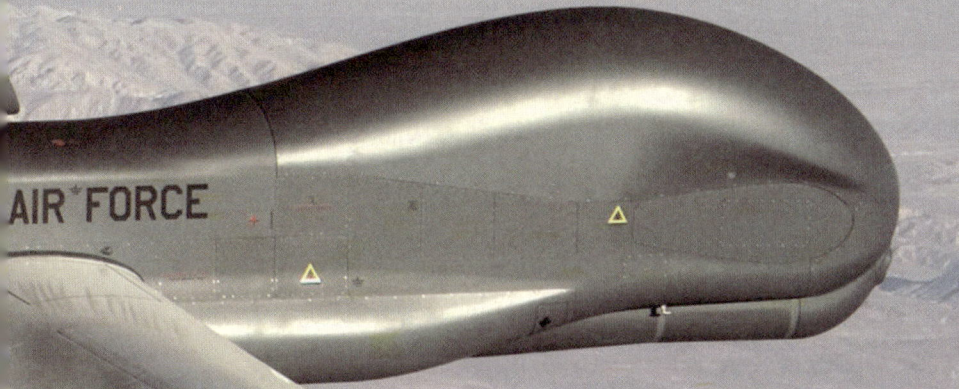

引言

自 20 世纪 60 年代以来，军用无人机便以全新的姿态、广泛的用途和骤升的战力，开始在世界各地区的战争舞台上频频亮相，扮演着越来越重要的角色。从 1961 年美国派遣首批美国特种部队进入越南南方，以及 1964 年美军无人机首次介入越南战事起，其后，由于越南战场的广泛需要，越来越多的美军无人侦察机大量地走上了战争最前沿。到了 70、80 年代的中东战争时，尤其是 1982 年 6 月以色列空袭黎巴嫩的贝卡谷地，无人驾驶轰炸机率先进行了成功诱骗，趁叙利亚部队用"萨姆–6"导弹攻击这些无人驾驶飞机时，迅速窃取了"萨姆–6"导弹制导雷达的频率，从而对这些导弹的雷达频率进行电子干扰，使本来能够"百发百中"的导弹瞬间变成"瞎子"，结果完全失去了战斗能力。90 年代，海湾战争和科索沃战争爆发，各种军用无人机被多国大量投入使用，开始大展身手，使作战样式发生了许多重大变化。进入 21 世纪，军用无人机再次经历了伊拉克战争、阿富汗战争等多场战争及冲突的磨炼与洗礼，由此变得性能更加突出、用途更加广泛、本领更加高强、威力更加强大。它们不仅在搜寻侦察、监视照相、电子对抗、信息传输、目标定位、中继制导、欺骗诱饵、对地攻击、空中作战、伴飞行动、毁伤评估等多项军事行动中崭露头角，发挥出其他作战武器

> 美军无人机控制室内景

甚至有人驾驶飞机也无法替代的作用；更令人欣喜的是，各种、各型无人机间的彼此协同配合得更好、联合作战效果更优，正在或已经成为现代与未来战争中的必然选择与趋势。不仅如此，用途迥异、各有千秋的无人机仍不断涌现，而且担负的作用和任务还在继续增加。可以想见，在今后的信息化战场中，各种各样的无人机必将会与其他有人作战平台乃至其他各区域空间的"作战机器人"甚至各种高新技术武器共同演绎一场别开生面、具有全新理念的"未来战争"！

MILITA

现代天空中的"全新杀手"

RY UAV

"捕食者"误判，滥杀无辜平民

2002年2月，阿富汗南部山区还是一派寒冬景象。这天清晨，只见山区一条土路上，由两辆小型旅游车和一辆载货卡车组成的车队正在加速奔跑着。转过土路，这三辆车便驶向了本国的一号公路。要知道，这条由柏油铺设的一号公路可是这个国家的交通生命线，沿着这条公路即可前往南部的最大城市——坎大哈，以及位于北部的首都——喀布尔。三辆车中坐着30多名男男女女，其中还有不少儿童。一路上，

> 被战火侵袭的阿富汗的城市破败景象

这几辆车并没有遇到什么麻烦，似乎一切都十分安全和宁静。

然而，他们绝对没有想到一场灭顶之灾即将降临！此时，由远及近，有一个"空中幽灵"已飞至距离几辆车4200余米的上空，开始盘旋；它就是在全世界四处挑衅、声名狼藉的美国"捕食者"无人机。在这架模样古怪的无人机机头下方，装有一个球形"感应器"，里面配有各种各样的摄影机等设备，其中包括一台高性能的红外热成像摄影机，它能根据4000米外车辆及人员的热量拍出图像，并在极短时间内传送到地球的另一端，即位于美国内华达州沙漠内的克里奇空军基地的两块监视屏幕上。紧盯着双屏幕的有三个人：一个是使用遥控器操控"捕食者"无人机的驾驶员；坐在他身边的是负责控制摄影机及雷达瞄准器的感应器操作员；在另一个房间同样进行观察的则是担负这项任务的情报协调官。与此同时，位于美国佛罗里达州赫尔伯特空军基地的空军特种作战司令部总部内（这实际上是一个军队全球网络中心，相当于中枢神经系统），也有一

> 美国"捕食者"无人机,军方编号为MQ-1

些人专门负责筛选、比照、分析在海外担负作战行动的无人机以及从全球各地的海、空军等各部门所有监视、侦察及情报器材与部门收集来的信息、数据和影像，最后由系统准确地反映在中心屏幕上，由战略情报协调员领衔，带领两名屏幕监控员、两名影像分析员及一名地理空间分析员进行分析，得出明确的结论，最终交由决策总部及战场指挥官。

与此同时，在阿富汗前沿负责作战的第一线突击部队中的一名士官长——他既是上述复杂网络的唯一联络员，也可通过无线电沟通、联络所有的空中支援，包括"捕食者"无人机——同时还负责接收在一线突击部队指挥作战行动的一位上尉指挥官的指令及信息。实际上，美军无人机操作员在大后方所掌握的信息与战场现实环境的信息之间有着不小的误差和一定的延误；更不靠谱的是，许多无人机操作员和感应器操作员在实际操作中往往带有个人主观意志和感情色彩，明明有些显而易见的信息和图像，他们却解读为截然相反的内容。

通常，在作战最前沿活动的无人机会把侦察、搜寻时所接收到的各种信息，汇总转发到距地面3.5万余千米的外太空的卫星上，由之回传到位于德国拉姆斯坦的地面接收站；随后再通过光纤穿越西欧、大西洋直至美洲大陆，最后传到位于内华达州的一

> 装备简陋的塔利班武装分子无法抵御无人机等现代高科技武器的攻击

辆拖车内,由拖车内的操作员进行重组、汇总,整个过程大约要延误2~5秒。一旦做出比较明确的判断与认定,操作员就会向无人机操作员等相关人员发出最终信息;不过,这一过程也还需要2~5秒。

太阳逐渐升起,这支阿富汗车队的速度开始减慢,不久他们来到一条河边,三辆车都停住了,车上下来了很多人。而万里之遥美军屏幕前的无人机操作员及其他监视者都"坚定地"认为:这些人是一支塔利班的增援部队。别看这些屏幕前的无人机"驾驶员"和感应器操作员在远离战场万里之遥的拖车内,却个个趾高气扬,他们依然身着从前驾驶飞机时的飞行服,甚至连他们操作无人机时的对话也都是一口"标准的"飞行"行话"。

担任这架无人机驾驶任务的是一位曾驾驶过 C-130 运输机且完成过 1000 架次空中任务的老飞行员；与他一起进行操作的感应器操作员，经验也相当丰富。按道理，他们俩本应该用标准的英语进行信息交流，可实际上，两人说的都是外人根本听不懂的专业术语。早晨 7 点 40 分，总算盼来了来自内华达州作战情报协调员传递来的情报信息，无人机操作员和感应器操作员根据"捕食者"无人机发回的信息，"果断"地得出结论：车队中有 20 多名青年人外加一名十二三岁的青少年，清一色的恐怖分子！

"攻击！"当突击编队的上尉指挥官也得知这些人全是恐怖分子的情报信息后，果断地下达了攻击命令。美军一架直升机率先投入了攻击行动。直升机发射的第一枚导弹准确命中了最前面的那辆载货卡车，当场炸死了车上的 11 名青年人；见此情景，尾随的两辆旅游车急忙紧急刹车，车上的人争先恐后跳车逃窜。紧接着，第二枚导弹击中了最后一辆车，又有 4 人被炸死。随后，美军直升机又发射了第三枚导弹及火箭弹……这时，只见一个人跑出车子拼命地向空中挥舞着艳丽的围巾。啊，原来是个女子！这下，直升机上的导弹、火箭等发射声戛然而止。

这场突如其来的攻击，一共造成阿富汗平民 23 人死亡，其中包括多名幼童及一名女性；另外还有几名儿童受伤，个别伤势还非常严重。直到这时，坐在内

> 美军无人机感应器操作设备厢

华达州拖车内的无人机操作员、感应器操作员乃至内华达州情报协调员彼此间的神态才变得分外沮丧,话语也有些呢喃。

这次,由于无人机操作员、感应器操作员至情报协调员的一系列分析与判断失误,加上蛮横、偏见、专断,误导一线上尉指挥官发出了攻击命令!为了平息这次误杀平民的事件所造成的众怒,驻阿美军及北约维和司令官麦克里斯托被迫在电视上道歉,并向每位死者家属赔偿5000美元,外加一只羊。

这桩滥杀无辜的血淋淋的罪行,到底是无人机操作员、感应器操作员及情报协调员造成的,还是"捕食者"无人机闯下的?美国人心里最清楚!

当RQ-170"哨兵"遇上"无形杀手"

2011年12月4日晚，一架美国RQ-170无人侦察机正肆无忌惮地闯入伊朗东部地区上空，准备搜集有关伊朗建设核设施的情报信息。就在它得意忘形之时，突然间，如同喝醉酒的醉汉，它晃晃悠悠往下坠，最后被急速赶来的伊军缴获，成为他们的俘虏。伊朗媒体高兴坏了，这下既抓住了美军的入侵证据，又可以借机大肆宣扬——"伊朗军方以最小的代价击落了一架型号为RQ-170'哨兵'的美国无人侦察机"。不久，这一消息也被美国军方所证实：中央情报局的一架RQ-170"哨兵"无人机在执行一项秘密任务时，坠毁于伊朗。当时中情局操作人员正在操作这架隐身无人机，可是飞机随后脱离航线；并在燃料耗尽之后，坠毁在伊朗偏远山区。

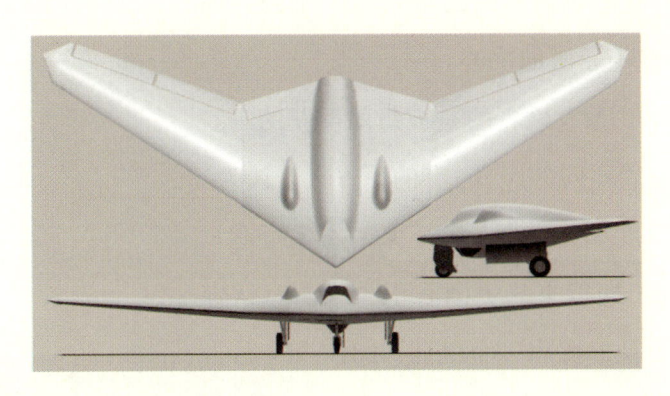

> RQ-170"哨兵"无人机的三视图

事件发生后，美国在第一时间要求伊朗方面归还这架无人机，但遭到德黑兰方面的严词拒绝。为了挽回面子，降低此事的影响，美国方面坚称这架无人机是由于故障原因失去控制，才被伊朗俘获的；并声称伊朗即便俘获美军无人机，也并不能对其进行破解，根本无法掌握无人机的频率和代码等机密。这一丢人事件，的确使美国国内上下一片哗然：美国前副总统切尼在事件发生后第一时间发声，建议美国总统奥巴马立即下令发动空袭，快速摧毁这架RQ-170无人机，以避免美国无人机的尖端技术被伊朗获得。

为了彻底断了美国的念想，伊朗干脆一不做，二不休，于12月5日向世界媒体公开宣布：伊军"电子战部队"用"黑客劫持"的方法击落了RQ-170无人侦察机。紧接着，于12月9日又公开展示RQ-170残骸的视频。12月14日，伊朗进一步公开宣布：伊军使用GPS干扰技术，使RQ-170侦察机错误判断坐标，然后降落于伊朗国土。无疑，伊朗此举，一是为了激励本国军民的士气；二是公开向美国示威叫板，表示绝不屈服的决心。

那么，这架RQ-170无人机真的是被伊朗俘获的吗？对此，美国军方内部有着不同的声音。有的军方人士认为：RQ-170无人机飞行高度如此之高，摔下来时不太可能只受了这么小的损伤。长期以来，美国有不少人一直认定伊朗人"愿意"造假，他们搬出一个例证：2010年4月，一名《航空周刊》的作者曾指出，伊朗在军队日大阅兵

> 俄制 S-300 防空导弹武器系统

中所展示的俄制"S-300防空导弹",其实是用一辆油罐车改装而成的,而根本不是俄制的专用导弹运输车;至于"导弹发射筒",则是用汽油筒焊在一起伪造的。

另有一些人士则认定:伊朗确实"揍"下了RQ-170无人机,缴获了它的机体残骸。一位名叫比尔·斯维特曼的美国航空专家向美国有线电视新闻网表示,他相信伊朗人展示的是真的RQ-170无人机;但这架无人机不是被航空武器击落的,因为机体没有弹孔。不过,鉴于伊朗和美国之间的技术差距,伊朗人用黑客手法控制无人机,使之坠落的可能性更小。他认为,比较合理的解释是机上的控制系统发生了故障,所以进入了"平螺旋下降"的状态,就像落叶一样倾斜着身子,头朝下或者尾巴旋转着栽到地上。由于RQ-170的机翼面积巨大,所以空气阻力很大,使得这样旋转下降着地的速度可能并不太快,因而只会摔坏一段机翼和腹部。斯维特曼还表示,他不能确定机翼前部的凹坑究竟是撞击造成的,还是伊朗人移动时造成的。另一位美国国防专家劳伦·汤普森认为,RQ-170有一种与操作员失去联系之后"自

> 飞行中的 RQ-170 无人机。该机的造型与美国著名的 B2 隐形轰炸机颇为相似

动返回基地"的功能；但这次它却没能返回，所以极有可能是因为遭遇到软件失效的麻烦。

伊军这次俘获了美国RQ-170无人机，事后美国并没有采取过激的军事行动，那么伊朗算是真的赢家吗？而伊军究竟又能从机体残骸中得到什么呢？

首先，最直接的大概就是伊军会从RQ-170无人机携带的侦察设备，以及可能存在的数据存储中读出美国的侦察意图以及美国所掌握的伊朗战略目标和重点怀疑对象。其次，伊朗人可能通过RQ-170无人机的很多结构与技术进行模仿，比如隐身外形、侦察设备、发动机、隐身涂料、控制元件等，从而克服和改进伊军在发展各型无人机时的不足与问题。再次，最让美国担心的是，伊军

> 停在阿富汗机场的RQ-170无人机

可能会通过研究与分析RQ-170机体和结构残骸，读懂关于美军电子战术的细节，比如它的隐身性能到底如何，弱点在哪里？其控制数据链的频率、雷达发射频率如何？它的敌我识别器又是如何工作的？

由美国洛克希德·马丁公司研制的RQ-170"哨兵"是一款隐身无人机，也是美国最新型号无人机之一。该无人机还有一个"坎大哈野兽"的绰号，该绰号得名于它近年来多次在阿富汗南部的坎大哈国际机场出没使用等原因。自服役以来，美军主要用它来对特定目标进行侦察和监视，有时还用它来搜集重大战略地区及目标的情报信息。

RQ-170"哨兵"无人机采用无尾翼飞翼设计，使用单引擎，翼展约为20米。不过，该机并没有采用一些传统隐形设计的要素，很多方面甚至一反常态：例如起落架舱门有凹口和尖锐的机翼前沿；机翼呈现弯曲的轮廓且排气口并没有被机翼所遮蔽。"哨兵"无人机的起飞重量比RQ-3"暗星"无人机更重，

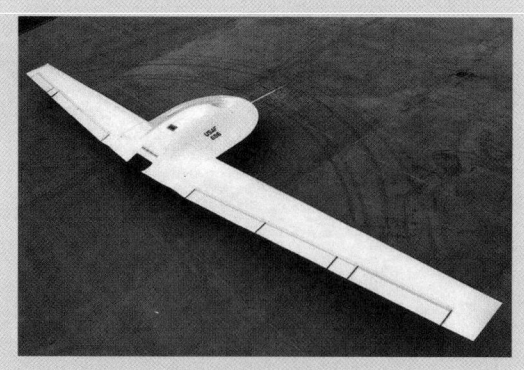

> 美军RQ-3"暗星"无人机服役于1996至1999年间，属于军用无人机的较早型号

约超过 3.8 吨。它的飞行高度在 1.5 万米左右，同时涂覆中度灰色（高上限飞行的无人机一般机体涂色较黑），以便更好地隐蔽自己。RQ-170 将配备电光／红外传感器，机身腹部的整流罩上还安装有主动电子扫描阵列雷达。机翼之上的两个整流罩可能装备数据链，机身腹部和机翼下方的整流罩将安装模块化武器及其他电子设备；下一步，RQ-170 还可能配备高能激光武器。这样的武器与电子设备配置，有助于实施打击并执行电子战任务。

美国空军第 20 侦察中队最早以内华达州托诺帕试验靶场为基地测试 RQ-170 "哨兵" 无人机；随后，美国开始向阿富汗部署该机型。2009 年 12 月，美国 RQ-170 "哨兵" 无人机也开始在韩国进行测试飞行，并于 2010 年投入实战部署，主要用来取代在乌山空军基地服役的洛克希德·马丁 U-2 侦察机，后者主要承担监视朝鲜弹道导弹的任务。

> 美国不可一世的 U-2 高空侦察机曾经被我国击落过

2010年8月，RQ-170再次向阿富汗进行部署，这次，该无人机已经具备了全活动视频的监控能力。2011年5月1日，在巴基斯坦首都伊斯兰堡郊外，白宫也是通过视频实时监控打击本·拉登军事行动的情形。当时，RQ-170的任务已经包括高海拔飞越巴基斯坦上空以监控阿斯塔巴德的一栋建筑，美国怀疑这里就是基地组织头目奥萨马·本·拉登的住所。2011年5月1日晚，在美国海军特种作战发展小组突袭本·拉登住所的军事行动中，至少有一架RQ-170"哨兵"对这一区域进行实时监控，并为奥巴马及其高级国家安全顾问提供了连续的视频信号。与此同时，RQ-170还监控了巴基斯坦军队的无线电广播，以预警巴军对此次军事行动的反应。

实际上，RQ-170无人机参与的这次突袭本·拉登的行动，距离美国承认这款无人机项目存在仅18个月。由此可以确认，这是RQ-170首次真正意义上的实战行动。虽然迄今为止，美国仍未透露任何关于RQ-170的官方图片与资料，但对这款隐形无人机侦察经历的评价"毁誉参半"，所以未来它在美军中的地位究竟如何，仍然是一个变数。

> 击毙本·拉登行动的现场图，这是RQ-170首次真正意义上的实战行动

"全球鹰"折戟，死无葬身之地

2019年6月20日，伊朗革命卫队突然对外宣布：在伊朗南部的霍尔木兹甘省霍尔木兹海峡附近击落了一架美军RQ-4"全球鹰"无人机。随后，美国中央司令部迅速做出回应，坚称美军没有任何飞机进入伊朗领空，并拒绝发表任何评论。实际上，事件发生之后，美国军方立刻组织了对伊朗的军事打击行动，但就在行动开始前十几分钟，却被白宫紧急叫停。原本令外界极为担忧的一场新波斯湾战争就这么烟消云散了！

> 正在降落的美军RQ-4"全球鹰"无人机，该机曾是世界上最先进的无人机之一

美国人吃了这么大的亏,结果竟没有一点强硬的表示,那么美国的面子和战略信誉今后还如何维持?在世界上一贯耀武扬威、肆无忌惮的美国这回为何会服软?当然,很多人更关心的是:如果"全球鹰"无人机真的被伊朗"揍"了下来,它靠的是什么法宝?

RQ-4"全球鹰"无人机可谓大名鼎鼎。它是由美国诺斯洛普·格鲁门公司生产制造的一种中高空、长航时无人侦察机,采用隐身设计,且机上使用了大量的隐身涂料,球状机头将直径达1.2米的雷达天线隐藏了起来,全机具有相当不错的隐身能力。这款无人机主要服役于美国空军与海军。

> 通过旁边人的参照,我们可以发现"全球鹰"体形庞大

"全球鹰"无人机看起来很像一头虎鲸,不仅身体庞大、双翼直挺,而且翼展很长,几乎与波音737的机身长度相当。"全球鹰"的飞行控制系统采用GPS全球定位系统和惯性导航系统,可自动完成从起飞到着陆的整个飞行过程;通过使用一个卫星链路,能自动将无人机的飞行状态数据发送到任务控制单元。机上装备有高分辨率合成孔径雷达,可以看穿云层和风沙,还有光电红外线模组(EO/IR),能提供远程长时间、全区域动态监视;一般白天监视区域面积超过10万平方千米。"全球鹰"无人机虽然性能先进,但是价格也极为昂贵,早在2013财年,美军采购"全球鹰"无人机的单价高达1.31亿美元(约合人民币9.04亿元)。

　　1995年5月,当时特里达因·瑞安航空公司(现在是诺斯洛普·格鲁门公司的一部分)便启动了RQ-4"全球鹰"无人机研制项目,后来"全球鹰"项目在无人机竞标中获胜。1998年2月,"全球鹰"从位于加利福尼亚州的爱德华空军基地起飞,完成了56分钟的首次飞行。1999年3月,第二架原型机在事故中坠毁,尽管如此,"全球鹰"无人机仍然在国内外的一系列飞行测试中证明了自己的能力。2001年4月24日,一架"全球鹰"无人机以不中停方式从美国加州爱德华空军基地直飞澳洲爱丁堡空军基地,创下无人机飞越太平洋的纪录。同年10月,两架"全球鹰"无人机在阿富汗上空参加了战斗,为执行任务持续飞行了将

> 执行任务中的"全球鹰"无人机。该机巨大的翼展一览无余

近 30 个小时。2003 年 3 月,"全球鹰"无人机还参加了伊拉克战争。时至今日,"全球鹰"无人机仍活跃在世界各地一线战场。

美国军事专家曾吹嘘,"全球鹰"无人机的航程、巡航时间、飞行高度都是全球第一。如此先进的无人机,伊朗真的能打下来吗?

最初,很多人觉得疑点重重,因为伊朗的防空能力并不强。虽然伊军装备了俄罗斯提供的S-300 防空导弹系统,但是"全球鹰"无人机的技术水准和过往战绩似乎更加突出。高空战略侦察机——"全球鹰"无人机,集各种先进技术于一体,参加过多场战争却从没有被击落的纪录。如果真是那么好打,那么俄罗斯恐怕应该先创造这个首次击落的纪录。

> MQ-4C"海神之子"无人机

被伊朗击落的"全球鹰"无人机到底是什么型号？很长一段时间，连美军自己一度也都说不清楚：美国中央司令部说它是RQ-4A，而美国防部则称它为MQ-4C"海神之子"。但不管怎么说，这两者都是"全球鹰"的后代。"全球鹰"无人机上使用的AE3007H涡轮风扇发动机，是一种专门为大型无人机研发的动力系统（目前全球只有美国能够制造）；该机载油量约为7吨，可持续飞行30小时左右，最大航程为2.5万千米，飞行高度达2万米。"全球鹰"无人机之所以"牛得很"，在于它的确有点"本事"：凭借着机上搭载的光电、红外、合成孔径雷达等多种侦察装备，以及盘旋于2万米的飞行高度，获得了颇为广阔的"鹰眼"视角；特别是其拥有的很强的侧视能力，使得它无需飞临目标上空，就可对其进行大范围的搜寻，侦察隐秘的军事设施；还可利用加装的电子信号采集装置，侦测目标区域内的电磁信号。

前面还提及的 MQ-4C "海神之子"（被称为美海军版"全球鹰"），虽然没有出动也没有被伊朗所打击，但这款无人机的作战技术性能却同样相当不错。"海神之子"在外形上与"全球鹰"极为相似，但美军对其内部结构和任务载荷却进行了较大的调整。与"全球鹰"无人机突出的高空侦察能力有所不同，"海神之子"更适合在海上执行任务。美海军专门为其加装了可以 360 度扫描的先进雷达系统，在美海军体系内负责为广阔的海洋和沿海地区提供实时情报，实施监视和侦察任务，是美国海军战略侦察机。为应对海上气流和海面盐雾腐蚀，"海神之子"还对机翼进行了改进，加装了双腹鳍和除冰设备，并在关键部位使用了防腐蚀的钛合金材料。

2020 年 2 月 6 日，伊朗有关电视台和通讯社报道了一则消息，不仅使"山姆大叔"颜面丢尽，而且更让其十分光火。当天，伊朗伊斯兰革命卫队首次展示了伊革命卫队防空部队于 2019 年 6 月击落的美国"全球鹰"无人机的机身残骸，不过机上先进的电子设备全部神秘消失。伊朗官方声称，伊朗防空部队使用了国产的"Khordad-3"防空导弹将无人机一举击落——这种"Khordad-3"防空导弹可以在 5 分钟内做好作战准备，并在 150 千米范围内探测到对方的战斗机和无人机，最终可同时跟踪并击落 6 个目标。尽管见到了无人机残骸，但在事实面前，美国依然百般狡辩，但这一切都显得那么苍白无力！

其实，伊朗击落美军无人机早就不是什么新鲜事了！在此之前，已发生多起击落美军无人机的事件了，其中最严重的一次击落无人机事件发生在 2011 年。此外，伊朗还在 2011 年早些时候也曾宣称打下来一架美国无人侦察机，当时这架飞机正在伊朗西北部城市库姆上空侦察当地核设施情况。不过，更令人称奇的是，在伊朗高调使

> 伊朗国产的"Khordad-3"防空导弹,据称就是该型导弹击落了"全球鹰"无人机

用"Khordad-3"防空导弹击落1架美军MQ-4C"全球鹰"无人机5个月之后,伊朗各种防空导弹的强大"冲击波"又"延时击落"了21架美军"全球鹰"无人机!据美国《外交政策》杂志网站报道,作为大幅削减传统项目的计划的一部分,美国空军已经提议将其35架RQ-4"全球鹰"无人机中的21架退役,作为年度预算协商方案的一部分,这项提案已经交给了美国国防部部长办公室进行审查。

当然,最使美国人恼怒的是,伊朗官方仍高调、强硬地宣称,伊朗将会持续并加大力度打击各种各样来犯的无人侦察机,即便这些无人机在伊朗国境外。

"爱国者"导弹，银样蜡枪头？

2019年9月14日凌晨，沙特阿拉伯东北部的阿布盖格炼油厂和胡赖斯油田突然火光冲天、炸声一片，多处石油设施发生连环爆炸并燃起大火。当日，胡塞武装宣布，10架无人机袭击了沙特阿美石油公司在西巴油田的炼油设施。很快，沙特能源部长在沙特官方通讯社发表的一份声明中表示，袭击"导致阿布盖格炼油厂和胡赖斯油田暂时停产"；他同时补充道，这将导致沙特近一半的石油产量被削减，减产幅度高达570万桶/日。

4天后，沙特国防部发布一份阶段性调查结果：胡塞武装发动这次袭击的兵器为18架无人机及7枚导弹。同一天，胡塞组织在记者会上更是主动地公布了一些行动细节：早在14日之前，他们就利用长航时无人机对沙特多处石油设施进行过大量的空中侦察拍照。发动袭击之前，他们又制定了十分详细的作战方案。袭击开始后，3种无人机从也门的不同地点起飞，航路经过了精心规划，其中一架还带有电子压制设备——在这架电子压

> 胡塞武装所使用的无人机

制无人机的支援下,无人机从多个地点抵近目标。袭击完成后,无人侦察机还对目标进行了毁伤评估。据袭击后拍摄的航拍照片显示,空袭造成的破坏程度远远超过沙特阿拉伯和美国公布的照片;火势持续了数小时,火势之大,以至于沙特当局一度无法控制。

胡塞武装发言人叶海亚披露,本次袭击使用了3种类型的无人机,分别为"卡塞夫-3""萨马达-3"和一种未公开型号的无人机。其中,"萨马达-3"是一种大型无人机,飞行距离超过1500千米。未知型号的无人机则是一种喷气式大型长航时无人机,可携带4枚带有集束弹头的精确制导导弹。

其实,这不是也门胡塞武装第一次利用无人机对沙特展开袭击。早在2015年3月,沙特等国针对也门发起代号为"果断风暴"的军事行动,造成

空中多面手　MILITARY UAV

> 无人机与巡航导弹的协同作战将会是未来战争的一个重要看点

大量平民伤亡。为报复沙特，胡塞武装经常使用导弹、无人机等向沙特境内目标发动攻击。

近几个月来，胡塞武装更是加大了对沙特境内重要设施的袭击频率。7月，他们用无人机袭击了沙特的军事基地；8月初，他们用无人机袭击了沙特的阅兵式观礼台；8月中下旬，他们又用无人机袭击了谢拜油田。也门胡塞武装在与沙特的多年纠缠中，已将无人机战术练就得炉火纯青。从单打独斗到协同攻击，此次袭击诠释了现代战争中无人机的作战运用。

一开始，美国和沙特都认为，也门胡塞武装没有能力组织如此大规模的无人机袭击，并指责是伊朗发动的此次袭击。但也门胡塞武装后来拿出了多项证据，佐证自己就是此次袭击的发起者和取胜者。

不管美国、沙特与也门胡塞武装之间对到底谁是袭击者如何纠缠不清，事实上后者在长达4年的时间里，

> 正在发射的"爱国者"防空导弹

确实创造了不少以小博大的战争奇迹。本次袭击有两大值得关注的亮点：一是无人机集群协同作战，二是无人机与巡航导弹协同作战。

事实上，他们任何一款无人机都无法独立完成此次袭击任务。但是无人机集群就不一样了，它们分工明确，各司其职：有的负责电子压制开路，有的负责空中侦察传递信息，有的专门负责实施打击任务，还有的负责殿后，进行战场毁伤评估。各型无人机围绕一个共同的作战目的，以目标为中心，自主为战，整体协同，联合行动，最终实现对打击目标的高度毁伤。无人机集群协同作战，可以有效地克服单架无人机作战功能有限的问题，可将集群形成一个智能化实体，使其能力得以几倍乃至十几倍的增加。随着智能化水平及网络技术、控制技术等的提高，无人机将会变得越来越聪明，将担负起战场侦察、目标锁定、自主攻击、毁伤评估等全流程任务。未来，无人"蜂群"作战将彻底改变无人机作战样式，且空战型无人机指日可待。

无人机与巡航导弹的协同作战，是此次袭击事件的又一个亮点。面对敌方全方位、多层次的防御体系，要实现对敌方关键目标的精确打击，利用无人机与巡航导弹集群的协同作战，可充分发挥无人机自主灵活和巡航导弹生存能力强等特点，实现武器平台的优势互补，极大提高巡航导弹饱和攻击的作战效能。无人机能够先行遮蔽和干扰敌防空节点，致盲敌方探测能力或延长空袭预警时间，提升巡航导弹突防能力。巡航导弹飞行距离远，如果单纯依赖卫星导航，容易受到敌方干扰；无人机却可以实时提供目标最新信息，避免巡航导弹误入歧途。完成袭击后，无人机还可以及时进行敌方目标毁伤评估，为后方指挥员进行火力打击效果评估提供重要依据，并决定是否进行新一轮攻击。

沙特石油设施遇袭后，许多媒体都将矛头指向了美制"爱国者"防空导弹系统，诟病其防御能力。早在2015年8月，沙特就紧急采购了600枚最新型"爱国者"PAC-3型导弹和8枚测试弹，以及配套发射架，总费用达54亿美元，平均每枚"爱国者"导弹价格达到了900万美元。花费了如此高昂的价格却没有达到预期的效果，难怪沙特方面也颇有怨言。通过对沙特公开展示的导弹残骸来分析，胡塞武装所使用的导弹基本可以认定是其自制的"圣城"巡航导弹，

> 颇有"廉颇老矣"之味的"爱国者"防空导弹防御系统

而"圣城"巡航导弹就是伊朗"索玛尔"巡航导弹的山寨版,且性能有所减弱,但其射程可以达到1000千米。此外,胡塞自制的武装无人机,也是山寨了伊朗的"燕子"无人机,由于技术性能并不好,"燕子"无人机已经逐渐被伊朗军方淘汰,但"爱国者"导弹却连这样的武器也拦不住。

从这次空袭的后果来看,沙特花高价够买的美国"爱国者"PAC-3型导弹防御系统压根儿就没有防御低空目标及小目标来袭的功能。实际上,"爱国者"防空导弹研发的初衷就是为了防御弹道导弹,虽然最大拦截高度超过40千米,但是最低却只能拦截不低于80米的来袭目标。执行此次袭击任务的"卡塞夫-3"型无人机的飞行速度仅为150千米/小时,作战高度最低可达20米,属于典型的低慢小目标。低慢小目标是指主要在低空慢速飞行的小型飞行目标,飞行高度一般

在1000米以下，不仅飞行速度较慢，而且雷达反射面积又很小，难发现，难捕捉，难应对，对重要目标的空防安全形成极大威胁。就是这些飞得又低又慢的小型目标，却成为世界各国防空部队最为头疼的防御和拦截对象。

面对这些低慢小目标，传统雷达往往束手无策，因为这些低慢小飞行器在雷达上基本上不显示；更麻烦的是，即便有微弱显示，它们在雷达屏上也基本不动。雷达只对运动超过一定速度的目标有显示反应，而低慢小目标速度太慢，在雷达上会无休止地徘徊；有些高速扫描的雷达干脆就不显示。此外，无人机这类小目标根本不用进行隐形设计就能隐形，因为它们太小了，不够雷达显像。当然，可以运用声学探测和光电探测等方法来解决对低慢小目标的探测问题；不过，由于小型无人机发出的噪声与周围环境噪声相比实在是太小了，因此声学探测的距离会非常近。小型无人机的动力系统红外辐射特征低，红外探测手段也较难发现。实际上，即便探测到这些低慢小目标，如何防御也是一个非常棘手的问题。传统的弹道导弹防空系统成本太高，新型的动能拦截手段尚不成熟，电子压制干扰手段"损人不利己"……总之，低成本的无人机"蜂群"作战正在打破现代战争史上"有了制空权就能赢得战争胜利"这一至理名言。看来，相对性能较为落后的低慢小型无人机、巡航导弹在这轮与"高大上"的"爱国者"防空导弹防御系统的较量中占了上风！

"死神"无人机，刺杀苏莱曼尼

2020年1月3日凌晨，从"鞑靼之翼"航空公司一架航班飞机上，匆匆走下一个神秘人物。他就是伊朗声名显赫的"三号人物"——苏莱曼尼！他没有过多顾及他的随从士兵，便急忙踏上巴格达机场停机坪，原来他已认出了早已候在那里的老朋友——伊拉克什叶派民兵武装"人民动员组织"副指挥官穆汉迪斯。穆汉迪斯是这位伊朗将军的长期盟友和密友。

> "鞑靼之翼"航空公司的空中客车 A320 客机，苏莱曼尼正是乘坐该航空公司的飞机抵达伊拉克

随着两声刺耳的刹车声落下，两辆飞驰而来的小轿车急停在众人面前。随即，穆汉迪斯和他的随从钻进前面一辆现代轿车，苏莱曼尼和两个同伴乘坐一辆丰田轿车，两辆轿车一前一后驶出巴格达机场，迅即上路。

> 飞行中的 MQ-9 无人机

苏莱曼尼做梦也没有想到，死神正一步步向他逼近。实际上，很多年前美国情报部门就依靠对运营商信息的窃取，定位了苏莱曼尼及其保镖的通讯设备，从而锁定了苏莱曼尼的行踪。在苏莱曼尼的航班抵达伊拉克之前，美军派出的MQ-9无人机就已经在机场附近的高空盘旋。

> 苏莱曼尼和他遇袭现场的照片

空中多面手　MILITARY UAV

当苏莱曼尼离开机场登上汽车时，他的行踪已被 MQ-9 尽收眼中。在 MQ-9 的吊舱内，配备的摄像机有可变倍率镜头，能在任何光照强度下精确捕捉地面图像。在无人机操作者的屏幕上，苏莱曼尼一行的举动就如同在眼前一样，清晰可见。

MQ-9 无人机盘旋于 3000 米高空。翼展 20 米的无人机，在这个距离上就和 15 米外的一只蜻蜓差不多大小，用肉眼无法分辨出来。而 MQ-9 无人机采用的是螺旋桨而非喷气式发动机，噪音也近乎于无。

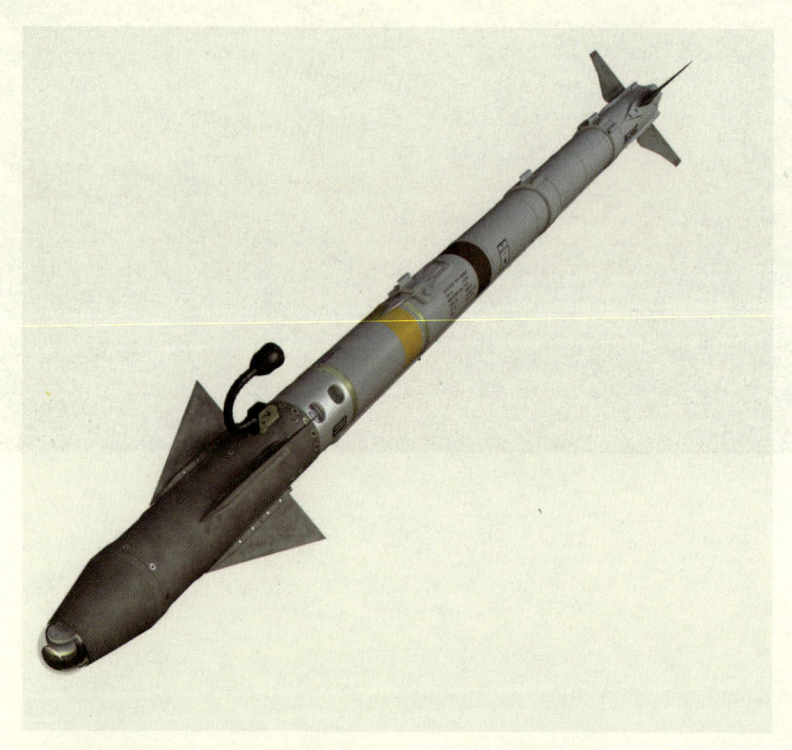

> "响尾蛇"导弹家族中的最新成员 AIM-9X 也可以挂载在 MQ-9 无人机上

虽然汽车的最大速度可达到或超过100千米/小时，但MQ-9的时速却可轻易达到400千米/小时。在接到命令后，无人机操作者按下了夺命按键。首先，MQ-9把两束激光分别照射到两辆汽车顶部，随后，4枚AGM-114K地狱火导弹从数千米高空呼啸直落，在短短几秒钟内越过两者间的距离，分别砸在两辆汽车头顶。AGM-114K地狱火导弹的打击精度达到米级，长达数米的车体无处可逃。而导弹战斗部能够正面摧毁1300毫米厚的装甲，普通汽车如何抵挡？因此苏莱曼尼及其随行人员一起丧命，也就不足为奇了。

这场机场袭击，美军动用的是MQ-9"死神"无人机。MQ无人机是美军从20世纪末开始研制的新型作战无人机。

MQ系列的第一代为MQ-1"捕食者"，该机于1994年首飞，当年就具备作战能力，并参加了科索沃战争、阿富汗战争和伊拉克战争。MQ-9无人机是"捕食者"的加强版，于2003年开始投产。相比MQ-1，MQ-9的参数有了全方位提高。MQ-1虽然也具备了发射导弹的打击能力，但因载弹量有限，主要执行侦察巡逻任务。而MQ-9的载弹量增加了一倍以上，速度也接近翻倍，具有更强的攻击力，因此获得"死神"称号。从2011年开始，美军共计划装备MQ-9无人机300多架。

虽然MQ-9是无人机，但还要依靠人员操作。不同之处是，人员无须坐在飞机里亲临战场，而是在后方遥控指挥。每架MQ-9配备一名飞行员和一名传感器操作员。有趣的是，他们所处的环境非常类似飞行员舱室。两人面前有多个屏幕，展现无人机从前方传回的图像以及各系统的工作状态。飞行员主要通过操纵杆和键盘来操控无人机，并决定是否开火；传感器操作员则主要操控各种信息设备，如照相机、雷达、红外线探测系统等。两个人的操作与打击的感觉与置身现实战场相差无几，唯一的区别就是不会真的被击落。

MQ-9无人机的作战技术数据的确相当傲人：在挂载副油箱的情况下，可在空中连续飞行42小时，还可同时挂载4枚"地狱火"反坦克导弹，以及2枚230千克精确激光制导炸弹，具备装载联合直接攻击弹药和"响尾蛇"导弹的能力。MQ-9无人机的吊舱除了装有高清白光摄像机外，还有高清热成像摄像机和激光测距/照射机；无论是白天还是黑夜，即使在数千米的高空也能对地面的人员和车辆进行精确识别，还能够全方位、多维度地获取战场态势信息，锁定目标。此外，该无人机通过使用微波直连和卫星中继两种通信方式，使得操作人员在千里之外的美国本土就能完成任务，战场响应时间极快。正因为如此，这款战斗力强大的无人机在阿富汗、伊拉克、也门等地执行了数以千计的定点清除任务。

这起美军使用MQ-9无人机所实施的"精确斩首"行动不仅在伊朗，而且在整个中东地区引起了巨大震动。世界舆论普遍认为：伊朗将兑现反击的威胁，从而对美国和世界其他地区造成不可预测的后果，美伊危机升级后果的严重性将变得越发不确定。

MILITA

军用无人机的
起源与演进

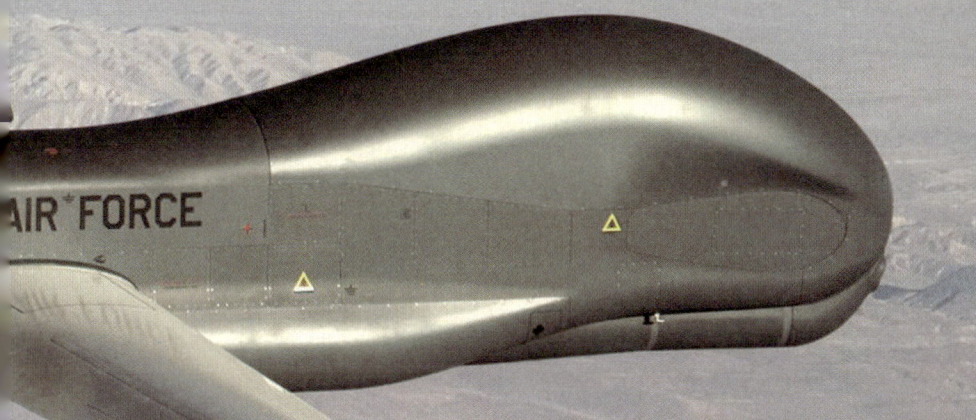

军用无人机问世

自 1903 年美国的莱特兄弟首次在北卡罗来纳州的基蒂霍克成功试飞了世界上第一架双翼飞机后,很快,不少国家便想到能否尝试研制一种不用人驾驶的飞机——无人机。但是,最初人们多少有点茫然,甚至还搞不太清楚:无人机到底能用来干什么?它究竟能担负与有人驾驶飞行器怎样不同的作战行动?

> 莱特兄弟研制的第一架双翼飞机

战争从来就是各种先进武器的"催生婆"！1914年，正值第一次世界大战进行得如火如荼、损失越来越大时，英国军队的高层首脑都非常希望能尽快研制一种不用人驾驶，只通过无线电操纵就能够飞到敌方目标上空，并将事先装在"腹"内的炸弹投掷下去的小型飞机。果真不久，卡德尔和皮切尔两位将军就向英国军事航空学会提出了一项建议：尽快研制能满足上述大胆设想的无人机。这项建议立即受到当时英国皇家军事航空学会理事长戴·亨德森爵士的赏识，他当即拍板：立即由A.M.洛教授率领人员研制一款无人机。

　　出于保密的需要，最初这项研制计划被命名为"AT计划"。没过多久，一位名叫杰佛里·德哈维兰的杰出飞机设计师就研发出一架小型上单翼无人飞机；与此同时，研制小组还研制出一台无线电遥控装置。他们把无线电遥控装置安装到这架小型飞机上，最初并没有安装炸弹，先开始在布鲁克兰兹进行试验。

> 杰佛里·德哈维兰先生的画像

　　1917年，第一次世界大战快接近尾声。这年3月的一天，在英国皇家飞行训练学校，随着一声令下，一架准备就绪的无人驾驶飞机开始在机场跑道上徐徐滑跑，随之越跑越快，最后快捷地拉起升空。可惜的是，这架飞机起飞后不久，发动机突然熄火，结果无人机因失速而坠毁。过了不久，研制小组又推出了第二架无人机进行试验：借助无线电的操纵，这架无人机平稳地飞行了一段时间；就在大家兴高采烈地庆祝试验成功时，这架无人机的发动机又突然熄火了，且一头栽入密集的人群中，这次损失可大了。

　　两次无人机试验的失败，使得研制小组感到十分沮丧，"AT计划"由此被打入冷宫。

　　正当英国人垂头丧气之时，美国人斯佩里和寇蒂斯合作改装了一架"寇蒂斯"无人驾驶飞机，其中很重要的一项改装就是在机腹内装填进了一枚鱼雷。于是乎，它摇身变为一架"无人驾驶鱼雷攻击机"，并在美国空军长岛基地颇为成功地试飞了多次。可惜的是，由于美军方急于"一炮打响"，提出的战技术指标太高，而当时多项航空技术又无法确保无人机性能能够达到要求，结果这次研究只能是"胎死腹中"。

所幸当年那位A.M.洛教授始终没有灰心，长年不懈坚持进行无人机的研制与改进。功夫不负有心人！10年后，即1927年，由A.M.洛教授参与研制的"喉"式单翼无人机在英国海军"堡垒"号军舰上成功地进行了起飞与降落。他成功了！这架"喉"式无人机最大速度可达到322千米/小时，并且可连续飞行480千米；机上还能搭载113千克重的炸弹。它的问世，曾引起世界极大的轰动，自然也引起许多国家和军队的警惕。

此后，英国皇家空军又接连推出了几种不同用途的无人机，不仅有用陀螺仪控制的空中靶机，而且有用无线电控制、可投放鱼雷的无人机，甚至还开始研制无人驾驶攻击机。经过反复多次的试验，英国皇家空军最后决定：制造一种用陀螺仪控制的无人机。这种无人机既可当靶机，也可携

> 由A.M.洛教授参与研制的"喉"式单翼无人机

带炸弹去打击对方。不久,皇家空军又采用预编程序的无线电遥控装置,再装上大功率发动机,使这种无人机的速度增大到每小时 310 千米。这种无人机先后一共制造了 12 架,并取名为"拉瑞克斯",机上还装有火炮,能从战舰和地面上起飞多次,成功地进行发射。

到了 20 世纪 30 年代,英国政府正式决定研制一种无人靶机,专门用于校验战列舰上的火炮对飞机的攻击效果,但有关部门很快就发现,无人校验机所起的作用微乎其微。1933 年 1 月,由"费雷尔"水上飞机改装成的"费雷尔·昆士"无人机试飞成功。此后 10 年,英国一共生产了 420 架这种无人机,并将它重新命名为"蜂王"。

> 温斯顿·丘吉尔视察英国"蜂王"无人机

在炮火声中成长

1941年12月，日本偷袭美国珍珠港基地，太平洋战争爆发。由于战场侦察、监视、射击训练、攻击等作战行动的大量需要，美国陆、海军相继订购了近1.5万架靶机，其中OQ-2A靶机984架、OQ-3靶机9403架、OQ-13靶机3548架。后两种靶机均安装上了大功率的发动机，飞行速度最大可达每小时225千米，飞行高度达3000米。

在整个第二次世界大战中，美国陆军航空队曾成功使用多型无人靶机，并在太平洋战场上用携带重型炸弹的活塞式无人机对日军目标进行过猛烈的轰炸。

战争期间，一位美国空军将领曾"突发奇想"："能否把报废的B-17和B-24轰炸机改装成携带炸弹的遥控轰炸机？"他的这个轰炸设想过程，老实说还真有点离奇：整个攻击轰炸行动分为两步走，首先由驾驶员驾驶这种轰炸机飞行至海边；然后驾驶员跳伞脱身，此后轰炸机在无线电的遥控下继续飞行，对目标实施攻击，直至完成任务。可惜，要对这类飞机进行较多的改装，增加许多装备，所需经费大大超出所能得到的军费；再加上遥控操纵技术过于复杂，当时美军所掌握的技术水平无法解决，这位空军将领最终只好放弃了这一"颇为理想"的轰炸计划。

此后，美国海军又研制出3种喷气式无人机，分别取名为"格劳伯""富根""加格勒"；但由于种种原因，这3款无人机也都未能正式装备部队。

第二次世界大战之后，各国部队中有为数可观的各型战机剩余，其中不少等待拆毁报废。但实际上，当时很多国家的飞机建造年头很短，作战技术性能颇佳，如果全部退役拆毁，十分可惜，不如把这些退役的飞机改装成靶机或无人驾驶特种飞机。不久，改装无人机便成为了当时许多国家的一种趋势。

电子技术仿佛有着"神奇的魔术"，无人机被"嵌入"了众多电子技术及较先进的设备之后，在侦察、探测领域中简直是"如虎添翼"，所起的作用越来越重要，所扮演的角色也越来越多样化。

> 著名的二战美军 B-17 "空中堡垒" 轰炸机

> "滚雷行动"中执行轰炸任务的美军轰炸机编队

20世纪60、70年代的越南战争，是美国人又一次大丢脸面的战争。1965年3月2日至1968年11月1日，美国海空军和南越空军曾对越南民主共和国重要目标和军事设施进行了反复、多轮的轰炸，代号为"滚雷行动"。这些轰炸行动称得上是冷战时期所实施的最激烈的空中/地面战斗，也是第二次世界大战对德国轰炸之后，美国海空军所参与的最艰难的战斗。令他们没有想到的是，苏联也从自己的战略利益出发，向当时北越军队提供了最先进的防空导弹武器，并帮助其构建了一张十分严密的防空体系网。

一桩奇怪的军事行动事件发生了。1966年4月5日，美国空军和海军联名写报告向华盛顿请求对越南的军事设施和阵地进行进攻，但是遭到了拒绝，因为当时越南的大多数导弹阵地都位于禁飞地带的市区附近。可是，三天之后，这项攻击要求竟然被批准了。不过，令美国人万万没有想到的是，他们落入了一个精心设置的陷阱中：原来越南有两个导弹阵地是伪装的，而其周围却部署有极为密集的防空火力。结果，仅4月8日的这天行动中，美军就有6架飞机被击落。

> 挂在轰炸机机翼下的美国"火蜂"无人机

　　实际上,"滚雷行动"大规模的轰炸仅仅持续了不到一年,美国空军先后出动了25971架次的飞机,扔下了32063吨炸弹;海军共出动了28168架次的飞机,扔下了11144吨炸弹。与如此巨大的轰炸规模相比,美国海空军的作战效果着实令人沮丧!更让美国人没有想到的是,如此微弱的战果还伴随着非常惨重的损失。在不到一年时间内,美国就已损失了170架飞机,其中空军损失战机85架,海军损失战机94架,海军陆战队损失战机1架。相比之下,越南空军仅损失了8架飞机。美国在越南开战几年,其海空军飞机损失可用两个字来形容:惨重!美海空军飞机先后损失2500多架。不过，最令美国军方高层感到沮丧的是，飞行员死伤人数竟高达5000多名；此外，还有一个极不光彩的数据：美军被俘人员中，有90%是飞行员和机组人员。

越战期间，倒是有一款名叫"火蜂"的无人机，多少给美军挽回了一些脸面。当时，美国凭借强大的工业基础，以及十分先进的技术，在短短的3个月的时间内就制造出1000多架"火蜂"-147D无人侦察机。这些无人机投入越南战场后，被迅速编入美军第100战略侦察联队。自打这些"空中小幽灵"加入到对越侦察行动中，美国海空军的高官们原先紧锁的眉头总算有些舒展："这下伤亡可以急剧减少！"

果不其然，高新技术大量"嵌入"无人机之后，终于止住了美国海空军战机批量覆没和飞行员大量伤亡的步伐。从1964年到1975年的10余年间，美军共使用"火蜂"-147系列无人侦察机进行了3435架次的侦察飞行，其中被对方击落或因机械故障而损毁的该型无人侦察机达562架，安全返回2873架次，安全返回率为83.6%。当然，最

> 美军 E-2C 预警机

为关键的还在于即便该型无人侦察机被对方击落或坠毁,也丝毫不存在人员伤亡问题。1972年,美国相关厂家又根据战场反馈的信息与要求,推出了改进后的、性能更优的"火蜂"-147E无人侦察机、"火蜂"-147H无人侦察机等,从而使安全返回率进一步提升到90%。据美军越战后的统计数据表明,在越南战场上,"火蜂"-147系列无人侦察机所获取的情报数量共占当时所有侦察工具和手段所获取情报总量的80%。

正是由于各种无人机在战争中的出色表现,很快就在当时西方各国海空军中迅速掀起了一股"无人机热"及战场上无人机被狂热使用的高潮。1982年6月,在贝卡谷地战争中,以色列空军淋漓尽致地使用自行研制和生产的"侦察兵""猛犬""先锋"等无人机,对赢得战争最后胜利起到了至关重要的作用。这些无人机每天均出动70架次以上。其中,侦察无人机能够把随时侦察到的信息与图像实时传输给己方的E-2C预警机,再由E-2C预警机转发给地面指挥所;干扰无人机则通过信号模拟器引诱叙利亚雷达开机和发射防空导弹,来获取叙利亚雷达阵地的准确位置,以及开关机规律和工作频率等,并迅速

> 美军 X-36 试验型无尾无人战斗机

传给有人驾驶电子战飞机对叙利亚军队雷达阵地和导弹设施实施强干扰；紧接着，以军战斗机、攻击机及装有战斗部的无人机在预警机、电子战飞机的配合下，对叙利亚阵地发起猛烈的攻击轰炸，结果彻底摧毁叙军的通信、雷达设施。此时，"耳聋""眼瞎"的叙军再无还手之力，只能听任以军飞机的狂轰滥炸，叙军防空导弹设施顷刻间灰飞烟灭，成为一片废墟；以色列却没有损失一名飞行员，便夺回战争的主动权。

1991年的"沙漠风暴"行动中，美军曾经发射了一些专门设计用来欺骗对方雷达系统的小型无人机作为诱饵，辅助有人机的后续作战行动取得了非常明显的战场效果。此后，这种诱饵无人机也成为其他国家争相效仿的对象。

在阿富汗战争及科索沃战争中，尤其是北约空袭南斯拉夫的作战行动中，各种无人机更是在执行多种作战任务中大展身手。美国空军"捕食者"、海军"先锋"和陆军"猎人"等无人机争相出现，率先展开密集的侦察活动；英国、法国和德国等国也不甘示弱，拿出自己非常得意的"雄蜂"、CL-289等无人机，积极参与搜寻新危险目标、进行战损评估等行动。不过，北约也为此付出了一些代价，南联盟军队接连"揍"下了好些架北约无人机。

1996年3月，美国国家航空航天局研制出两架试验型无人机：其中之一是X-36试验型无尾无人战斗机。这架无人战斗机机长5.7米，重88千克，其大小尺寸仅为普通战斗机的28%。但由于该机使用了分列式副翼和转向推力系统，所以要比常规有人战斗机更具灵活性；水平垂直机尾既减轻了重量和拉力，也缩小了它的雷达反射截面积。该无人战斗机主要执行压制敌防空、遮断敌机、评估战斗效能、布置战区导弹防御，以及进行超高空攻击等任务。实际上，这种无人战斗机特别适合在政治敏感区或行动危险区内执行一些突发性的作战任务。

从20世纪末、21世纪初起，多型无人机进入了又一轮广泛运用的全新阶段。"先锋"号就曾是美国军队大量采购并不断改进的一型性能不错的无人机，它们在几场高技术局部战争中均发挥了十分突出且无可替代的作用。在这期间，不仅军事强国和大国，就连一些中小国家军队也都充分认识到：无人机在战争中的作用与日俱增。

于是，很多国家和军队竞相把巨额资金及诸多高新技术投入到各型无人机的研制与发展上：不少新式翼型和大量新型材料的使用，大

幅增加了无人机的续航时间；采用先进的通信与信号处理技术，明显提高了无人机的图像传递和数字传输速度；先进的自动驾驶仪使无人机不再需要陆基电视屏幕来实施领航，而是按预编程序飞行，并能不断智能化地自主改变和修正高度、航向和速度，准确地飞往下一个目标。

> RQ-2B "先锋"号无人机

MILITA

"空中精灵"的分类与用途

五花八门的分类

> 美军 BQM-34A 无人机属于小型无人机

当今世界，科学技术日新月异，各种军用无人飞机接连问世，所担负的作战任务千变万化，为了适应战争要求和行动需要，其种类日渐繁多，型号层出不穷，有的无人机不仅能担负一项任务，甚至还具有多种用途。世界各国由于军用无人机的种类和数量不同，担负的作战任务迥异，其划分也五花八门，既有按大小重量的，也有按航程远近的；既有按作战功能的，更有按用途方式的。虽然对于军用无人机的分类，当下尚无统一确定的标准，但大致可归纳为以下两大类：一类是按照大小重量和航程；另一类则是按照作战功能与用途。

按照大小和重量来划分，主要可分为超大型、大型、中型、小型和微型无人机。其中，超大型无人机：起飞重量在5000千克以上；大型无人机：起飞重量在800千克以上；中型无人机：起飞重量在300~800千克；小型无人机：起飞重量小于300千克，最大尺寸在3~6米范围，活动半径在150~350千米范围；微型无人机：翼展小于0.5米，使用距离约3000米。

按照航程来划分，无人机主要可分为远程、中程、短程、近程。其中，远程无人机：活动半径2000千米，续航时间24小时以上；中程无人机：活动半径800~1500千米；短程无人机：在300千米的范围内活动，续航时间在8~15小时；近程无人机：一般在低空工作，任务载荷不到10千克，飞行范围在5~80千米，巡航时间约为1~8小时。

按照作战功能来划分，无人机主要可分为格斗攻击型、电子侦察型及其他功能三大类。第一类又可分为战斗无人机和对地（海）攻击无人机。战斗无人机是下一代战斗机的重点发展方向。美国等国正在大力研制的战斗无人机，计划在2020~2025年投入作战使用，战斗无人机的速度将达到12~15马赫，既可用于对地攻击，又可用于空战，还可用于反战术导弹。攻击无人机主要携带有小型和大威力的精确制导武器、激光武器或反辐射导弹等，对敌方雷达、通信指挥设备、坦克等重要目标实施攻击，以及拦截处于助推段的战术弹道导弹。

> 美军扫描鹰微型无人机属于侦察型无人机

第二类主要有侦察无人机、电子对抗无人机、反辐射无人机等。侦察无人机：进行战略、战役和战术侦察，监视战场动态，为部队的作战行动提供最直观、最详尽的情报信息。电子对抗无人机：可对敌方飞机、指挥通信系统、地面雷达和各种电子设备实施电子压制、破坏与干扰。诱饵无人机：可诱使敌方雷达等电子侦察设备开机，获取有关信息，为己方采取最有效的打击行动提供最可靠的支撑；模拟显示假目标，引诱敌方防空兵器射击，吸引敌火力，掩护己方机群采取突防行动。

> 美军"黑色大黄蜂"无人机，该机长度仅为10厘米，为世界上最小的军用无人机之一

第三类则有训练无人机、通信中继无人机、激光照射无人机、靶机无人机、炮火校正无人机等其他各种用途无人机。

此外，一些国家还偏爱使用战略无人机或战术无人机的"用词"：战略无人机通常指中高空、长航时无人机和高空、长航时无人机，主要用于战略目标侦察和重要设施监视等，上述无人机的续航时间一般都接近或超过24小时。战术无人机包括的范围和种类很多，诸如固定翼无人机和垂直起降的旋转翼无人机等，其使用距离为20~300千米，飞行时间在6~10小时。

迥然不同的用途

在未来战争中，各类军用无人机将分别执行侦察预警、跟踪定位、特种作战、中继通信、精确制导、信息对抗、战场搜救等各种作战任务，其军事运用范围及打击威力正在拓展，且不断扩大。

一是情报侦察。侦察无人机通过安装光电、雷达等各种传感器，可实现全天候、全时空的综合侦察；其侦察方式高效多样，既可在战场上空进行高速信息扫描，也可低速飞行或悬停俯视，为部队提供实地实时，最直接、最前沿，甚至不间断的情报支持。侦察无人机可深入敌方纵深腹地，尽量靠近敌方信号辐射源，可截获战场上重要的小功率近距通信信号，获取前沿、可观的一手情报。高空、长航时战略侦察无人机从侦察目标高空掠过，可替代监视卫星或侦察卫星的部分功能；它执行高空侦察任务时，凭借高分辨率照相设备，可拍摄大量清晰的地面图片，因而具有重要的战略意义。便携式无人机主要满足部队连排级战场监视、目标侦察、毁伤评估等战术任务。在伊拉克战争中，美军共部署并使用十几种无人机，主要机型包括：陆军的"猎犬""指针"和"影子200"型无人机，海军陆战队的"龙眼"和"先锋"型无人机，空军的"全球鹰"和"捕食者"型无人侦察机。另外，还包括其他几种小型的无人机系统，用于支援特种作战。在伊拉克战争中，美军无人机提供的有关敌方固定和移动目标的侦察情报占总情报数量的50%。

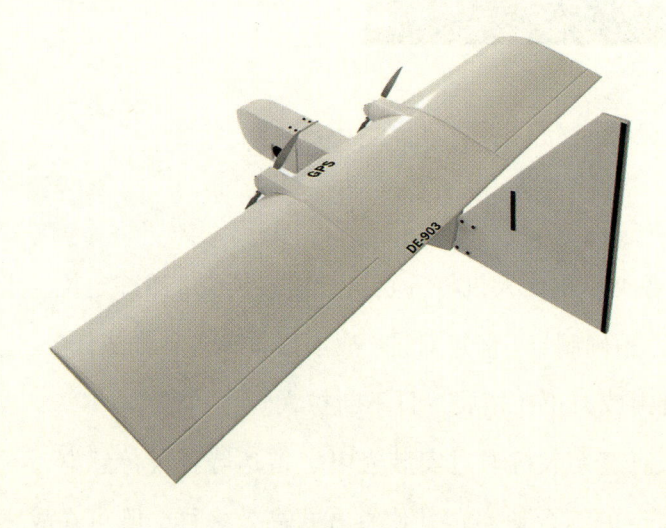

> 美国海军陆战队的"龙眼"无人机

二是信息对抗。在未来战场上，电子对抗无人机可以在复杂条件下、恶劣环境下随时起飞，针对激光制导、微波通信、指挥网络、复杂电磁环境等光电信息实施对抗或干扰，有效阻断敌方装备的探测、侦察、决断、指挥乃至攻击能力，保护己方的电子及信息装备，提高己方的信息作战效率。电子对抗无人机可对敌方指挥系统、通信设施、地面雷达和各种电子设备等实施侦察与干扰，支援己方各种攻击机和轰炸机作战；诱饵无人机携带雷达回波增强器或红外模拟器，模拟空中目标，诱使敌方雷达等电子侦察设备开机，引诱敌方防空兵器射击，欺骗敌方雷达与多种导弹开机与发射，掩护己方机群和导弹突防攻击。一些无人机还可以通过抛撒宣传品、对敌方战场喊话等手段实施心理战。

> 美军无人机是目前种类最齐全、所能执行任务最多的群体

> 美国卡曼航空公司研制的 K-MAX 无人直升机

三是通信中继。在未来战争中,通信系统既是战场信息沟通联络、指挥控制的生命线,也是敌对双方攻击和保护的重点。无人机通信网络可以建立强大的冗余备份通信链路,提高战场生存能力;一旦己方指挥中心和通信系统遭到对方攻击,作战通信无人机替补通信网络能够及时升空,快速恢复,从而在网络中心战中发挥不可替代的作用。高空长航时无人机扩展了通信距离,利用通信卫星提供备选链路,直接与陆基终端链接,降低遭实体攻击和噪声干扰的威胁。作战通信无人机采用多种数传系统,各作战单元之间采用视距内模拟数传系统,与通信卫星之间采用超视距通信中继系统,可高速、实时传输图像、数据等信息。

四是攻击拦截。无人机可携带多种精确攻击武器，对地面、海上目标实施攻击，或携带空空导弹进行空战，还可以进行反导拦截。作战无人机携带作战武器，一旦发现重要目标，便进行实时攻击，实现"察打结合"，这样可以减少人员伤亡并提高部队攻击能力。作战无人机能够预先靠前部署，拦截处于助推阶段的战术导弹，作为要地防空时在较远距离上摧毁来袭导弹。攻击型反辐射无人机携带有小型和大威力的精确制导武器、激光武器或反辐射导弹，对雷达、通信指挥设备等实施攻击；战术攻击无人机在部分作战领域可以代替导弹，采取自杀式攻击方式对敌实施一次性攻击；主战攻击无人机体积大，速度快，可对地攻击和空战，攻击、拦截地面和空中目标，是实现全球快速打击能力的重要手段。在北约空袭利比亚的行动中，使用"捕食者"发射"海尔法"导弹对利比亚实施空袭，对地面目标进行精确打击，其还曾与米格-25战斗机交战，成为第一种直接进行空空战斗的军用无人机。美军利用线人、电子设备侦听、侦察机等多种途径和手段，准确获得了有关苏莱曼尼的高度机密信息，对苏莱曼尼的一举一动早已严密监控，特朗普的斩首令下达后，美军部署的无人机迅速升空。当苏莱曼尼的车队行至机场外机动车道时，四枚激光制导"地狱火"导弹从天而降，两枚导弹击中苏莱曼尼的专车。

五是后勤保障。当前及今后，一些大国或强国军方已在探讨使用无人机担负人员投送、物资运输、燃油补给甚至伤病员后送等后勤保障任务。运输无人机在承担这类任务时，具备不受复杂地形环境影响、不易被对方发现、隐蔽性好、飞行速度快、可规避地面敌人伏击（即使被对方攻击也较容易逃逸）等优势；此外，运输无人机还拥有成本费用低、操作使用简便等特点。美国卡曼航空公司研制的K-MAX无人直升机在2011年12月17日在阿富汗成功完成世界首次无人机货运任务。K-MAX无人货运直升机已经达到美国海军和海军陆战队对其每天吊运约2700千克货物的要求。下一步，K-MAX无人机将成为海军第一种部署在作战地区的无人货运直升机，美国海军陆战队将把这种先进装备部署到国外各战场。作为第一种投入实战部署的无人货运直升机，2架K-MAX将被部署在一个前进基地，主要用于在夜间和高海拔地区执行任务，以免被小口径武器击毁。

MILITA

典型军用无人机大盘点

"捕食者",已然退休

"捕食者"不是美军首款服役的军用无人机。实际上,该无人机存在着航程短、滞空时间不足等问题,但它所展现出的巨大潜力及突出的作战能力,大大坚定了美军发展无人机的决心。

其实,"捕食者"的最初型号并非MQ-1,而是RQ-1(M表示多用途,R表示侦察,Q表示侦察机系列);它的首次作战使用是在素有"欧洲火药桶"之称的巴尔干半岛。时间倒退回1995年,在当年波黑战场的各种军事行动中,RQ-1凭借着极其优异的表现,迅速从一个1994年才首飞的"概念验证机"迅速"转正"。在战场上,RQ-1不仅默默无闻、源源不断地为作战部队提供大量的战场情报,而且为持久的空袭行动提供了及时准确的目标指引和战果评判,同时还为地面部队绘制全面、精准的地理坐标。从此,"捕食者"名满天下。

> 正在起飞的早期型RQ-1无人机

"9·11"事件后，RQ-1无人机随美军大部队转战至中东。在丘陵起伏、沟壑纵横的阿富汗山区，RQ-1面对神出鬼没的塔利班武装，最初由于机上没有得心应手的打击武器，虽"看得见却打不着"！美国空军充分意识到：没有利爪的"捕食者"，只能是食素的"觅食者"，根本无法捕捉到足够的食物。

2001年11月，经过改装的RQ-1B通过发射两枚"地狱火"反坦克导弹，击毙了"基地"组织的三号人物穆罕默德·拉提夫。这是"捕食者"作为一个独立的武器平台在作战中的首次亮相。2002年，配备2枚AGM-114"地狱火"反坦克导弹或FIM-92"毒刺"防空导弹的RQ-1B正式更名MQ-1，意味着"捕食者"从侦察无人机向多用途无人机的华丽变身（"察打一体"无人机的概念最初便源于此）。这种当年主要为了反恐而进行专项改进的作战平台在无意之中创新了一种全新的武器与作战样式。

> 飞行状态下的 MQ-1 无人机

MQ-1 的出现,使无人机把侦察取得的时间优势充分转化为火力打击优势,"发现即摧毁"这个美军多年来朝思暮想的作战理念终于走向现实。"捕食者"先后执行了包括摧毁伊拉克军队自行高炮阵地、卡扎菲军队多管火箭炮等多项打击任务,为美军立下了赫赫战功。

2002 年 12 月 23 日,正在禁飞区执行侦察任务的美军"捕食者"与伊拉克空军的米格-25 战斗机狭路相逢,双方几乎同时发射了各自的空空导弹。"捕食者"发射的"毒刺"导弹被米格-25 发射的导弹红外信号干扰,偏离目标;而米格-25 发射的导弹却将"捕食者"击落。虽然"捕食者"被对方导弹击落的结果已板上钉钉,不过,这已是空战史上首次具备实战意义的有人战机与无人机的对决,并且是由"捕食者"率先发难的。

有人说，尽管"捕食者"无人机十分凶悍，其实它也有不少短板与不足。无论是RQ-1还是MQ-1，都存在许多固有缺陷和技术性问题：首先，"捕食者"的"自杀"频次远高于"他杀"。据不完全统计，自1996年起在美国空军服役以来，至少有50多架"捕食者"因各种故障而发生坠毁，约占服役总量的1/6~1/7，即每6~7架"捕食者"中就有1架会发生坠毁事故。虽然无人机事故并不会造成人员伤亡，但情报、技术与经济等方面的损失都不小。要知道，"捕食者"不仅携带了大量情报数据，而且飞机的零部件也是不能泄露的秘密。"捕食者"无人机的批量坠毁，无形中增加了美军无人机及其情报机密大量外泄的风险。所以，一旦发生坠毁事故而又无法及时回收无人机，美军往往会选择出动有人驾驶战斗机对上述残骸进行彻底销毁，防止机密信息落入敌手。

> 正在发射导弹的全新MQ-9"死神"无人机

其次，作为一款主要担负情报搜集任务的无人机，"捕食者"自己却没有绷紧保密这根"生命线"：其对战场监视的实时动态经常被截获。早在波黑战争时，美军就发现了"捕食者"与地面控制站之间的传输信号完全不保密的问题。美军曾自嘲，当地居民观看迪士尼节目的难度都要远大于收看"捕食者"的视频信号。据透露，伊拉克游击队曾经截获的不少美军的视频信号，靠的竟然是一款售价仅26美元的网络软件，真让人有点哭笑不得。

再次，美军对"捕食者"进行通信加密的代价十分高昂，包括对通信系统的全面改造和几乎所有操控环节设备的加密改造。同时，加密还会引起信号延迟，因而难免会降低无人机最引以为傲的对时敏目标的打击能力。此外，"捕食者"还存在机身气动性能设计不够合理、动力系统落后、不具备全天候作战能力、不具备对抗防空系统能力等固有缺陷，从而在很大程度上影响了它在竞争越来越激烈的空中战场发挥作用。这也是美国空军近年来将其陆续退役的重要因素。

自2008年奥巴马任美国总统以来，美军大幅增加在境外利用无人机打击恐怖分子嫌疑人的行动；但相关行动由于缺乏正当审批程序和造成众多平民伤亡，引发了各界广泛的争议和众多民间组织的抗议批评。其中争议最大的，莫过于2011年9月在也门的空袭行动：在那次行动中，"捕食者"接连击毙4名美籍恐怖分子嫌疑人，包括"基地"组织阿拉伯半岛分支的重要成员安瓦尔·奥拉基。但是，美国政府此前并未对他们提起诉讼或指控，这相当于没有给人定罪就判了死刑。

"捕食者"参与阿富汗、伊拉克和巴基斯坦与基地组织和塔利班的武装战斗多年，其战斗潜力和作战效能已经发挥到了最大极限，现如今被淘汰其实并不意外。

至于"捕食者"退役后留下的空缺,将由MQ-9"死神"无人机弥补。如今,"捕食者"虽然退役,却标志着全球无人机领域的竞争正进入一个全新阶段。

新"死神",更上一层楼

> MQ-9 的翼下制导武器

MQ-9"死神"无人机是在 MQ-1"捕食者"基础上研制的,既是"捕食者"的加大加强版,也是一款从设计之初就定位于"察打一体"的大型无人机。正因为如此,"死神"无论是气动性能还是载弹量,都较半路出家的"捕食者"有大幅提升,即使在世界优异无人机行列中也属于佼佼者。

"死神"无人机翼展约 20 米,与 A-10 攻击机尺寸相当,装备 6 个武器挂架,可搭载"海尔法"导弹和 500 磅炸弹等,最大武器携带量达 1360 千克,比"捕食者"的载重能力高 10 倍;MQ-9"死神"无人机上装载一台功率为 900 马力的涡轮螺旋桨发动机,飞行速度可以达到"捕食者"的 2 倍多(最大飞行速度 460 千米 / 小时,而 MQ-1 的最大飞行速度为 222 千米 / 小时)。

> 机组人员正在操纵 MQ-9 "死神" 无人机准备起飞

由于性能极其突出，MQ-9"死神"无人机作战试验刚刚结束，美国空军就决定将其投入实战，并于2007年3月组建了"死神"无人机攻击中队，即内华达州克里奇空军基地第42航空攻击机中队；此后，美国空军还成立了专门的"死神"无人机工作组，开始研究战术、训练机组人员和进行实战演练。

进入"实战"状况后的每架"死神"无人机都配备一名飞行员和一名传感器操作员。他们在地面控制站内实现对"死神"无人机的作战操控。飞行员一般坐在"座舱"(控制站)屏幕的左侧，关注着主屏幕和几个分屏幕上显示的信息，查看从"死神"无人机传回的图像，观察各系统的工作状态。飞行员可通过操纵杆操控无人机，也可以通过键盘进行操控。一些分屏幕上还可显示不同指挥控制单位发布的实时交流信息，飞行员也可以通过音频或文字与地面部队进行交流。"死神"无人机飞行员虽然不是在空中亲自驾驶，但飞行员手中依旧操纵着控制杆，同样拥有开火权，而且还要观测天气状况，实施空中交通控制，进行花样作战，施展作战战术。同样是在作战。传感器操作员的操作间与飞行员的操作间十分相似，但前者所连接的操作系统更多，包括照相机红外系统、雷达以及其他传感器系统。

> 正在降落的 MQ-1B，该机型已被 MQ-9 所取代

每当作战命令下达，"死神"机组人员首先要进行无人机起飞前的准备工作，认真检查机载武器，校准激光系统和其他设备，确定一切就绪后即可请示启动飞往作战区域。当"死神"无人机执行空中巡逻作战任务时，一般会出动 4 架飞机，由一个地面控制站和 10 名机组人员配合操控。

2019 年 3 月 11 日，美空军宣布：截至 2019 年 3 月 1 日，MQ-1B "捕食者"和 MQ-9 "死神"无人机的总飞行时数已突破 500 万。相比之下，美空军 RC-135V/W "铆钉连接"侦察机的总飞行时数仅略超过 100 万，U-2 "龙女"侦察机的总飞行时数只达到 48.5 万，而且这两型有人驾驶侦察机早在 20 世纪

60年代就已投入使用；而MQ-1B是在1996年进入美空军机队，已于2018年退役；MQ-9则从2007年开始执行任务。

美空军使用MQ-1B和MQ-9在全球范围内每天24小时不间断执行持续攻击与侦察、搜索与救援、民事支援等任务。目前，美国本土的MQ-9操作基地包括内华达州克里奇空军基地、南达科他州埃尔斯沃斯空军基地、密苏里州怀特曼空军基地、南卡罗来纳州肖空军基地。该军种MQ-1B和MQ-9机队的飞行时数在2012年突破200万，2016年突破300万，2018年突破400万。

2015年1月，一架MQ-9"死神"无人机在阿富汗与巴基斯坦交界地区对"基地"组织发动袭击，误杀一名美国人质和一名意大利人质。据一些民间机构调查统计显示，美军无人机在巴基斯坦、也门等国的空袭中，已造成数百名平民伤亡。在伊拉克，这种滥杀无辜的情形则更为严重。

"全球鹰",超然一流

有人说,这款无人机的头部像巨蟒头,前机身向后收紧,当腰处安装有颀长的流线型机翼,从半截处上端突兀隆起的发动机进气口,外加尾部向外倾斜的双垂尾,仿佛一位"挥舞长袖"的空中芭蕾舞女。这个外形朗逸、傲视一切的无人机,就是美国大名鼎

> 正在被机组人员检修的RQ-4"全球鹰"无人机

鼎的"全球鹰"无人机，也是现今无人机领域最优异的无人机之一。

由诺斯洛普·格鲁门公司研发制造的RQ-4"全球鹰"无人机，其研制计划始于1995年，1998年2月完成首飞，2000年正式服役，现主要效力于美国空军和海军，主要从事侦察和情报收集工作，尤为适合向美军军事行动指挥部提供远程侦察情报。

作为一款高空长航时无人机，"全球鹰"就连外形也有许多与众不同的独到之处：机高4.62米，机身长13.5米，但其翼展35.4米，后者几乎是前者的三倍；最大起飞重量11.6吨（在无人机领域，它绝对属于大型无人机）。其机载燃料超过7吨，使用一台AE3007H涡轮扇叶发动机，最大速度达到740千米/小时，巡航速度635千米/小时；最大航程达到26000千米，高空滞留时间达到40小时，实用升限达到20千米，可在距基地5500千米的范围内活动。

"全球鹰"无人机上各种侦察设备一应俱全，主要有合成孔径雷达、电视摄像机、红外探测器三种侦察设备，以及防御性电子对抗装备和数字通信设备。机头的雷达罩内装有1.2米直径天线的合成孔径雷达，能穿透云雨等障碍，能连续监视运动的目标。"全球鹰"无人机上的雷达获取的条幅式侦察照片可精确到1米，定点侦察照片可精确到0.3米。对以每小时行驶20到200千米的地面移动目标，可精确到7千米。一次飞行任务中，"全球鹰"既可进行大范围雷达搜索，又可提供7.4万平方千米范围内的光电/红外图像，目标定位的圆误差概率最小只有20米。装有1.2米直径天线的合成孔径雷达能穿透云雨等障碍，能连续监视运动的目标。

> 个头明显大了一圈的 RQ-4A

2001年11月，美军将"全球鹰"无人机投入对阿富汗的军事打击行动，在50次飞行累计1000小时的任务中，"全球鹰"无人机提供了15000多张敌军目标情报、监视和侦察图像。在伊拉克战争中，"全球鹰"无人机更是大展身手，依据它们所提供的目标图像，美军摧毁了伊拉克13个地空导弹连、50个地空导弹发射架、70辆地空导弹运输车、300个地空导弹箱和300辆坦克。

"全球鹰"无人机升级版本包括RQ-4A/RQ-4B，它们的个头比原来大了一圈，除了动力系统方面的升级，还进行了机载电子设备的改进；更重要的是，新的无人机将更加灵活。

"全球鹰"无人机的另一大特点是飞行距离远。接到作战命令后，"全球鹰"无人机及其整套系统的转场航程可达25000千米，续航时间为38小时，本身并不需要空运；"全球鹰"的地面站和支援舱可使用一架C-5或两架C-17运送，"全球鹰"能飞到世界上任何地点。

"全球鹰"无人机还能与现有的联合部署智能支援系统和全球指挥控制系统联结，图像能直接而实时地传给指挥官，用于指示目标、预警、快速攻击与再攻击、战斗评估。"全球鹰"无人机还可以适应陆海空军不同的通信控制系统，既可进行宽带卫星通信，又可进行视距数据传输通信。"全球鹰"飞行控制系统采用GPS全球定位系统和惯性导航系统，可自动完成从起飞到着陆的整个飞行过程。

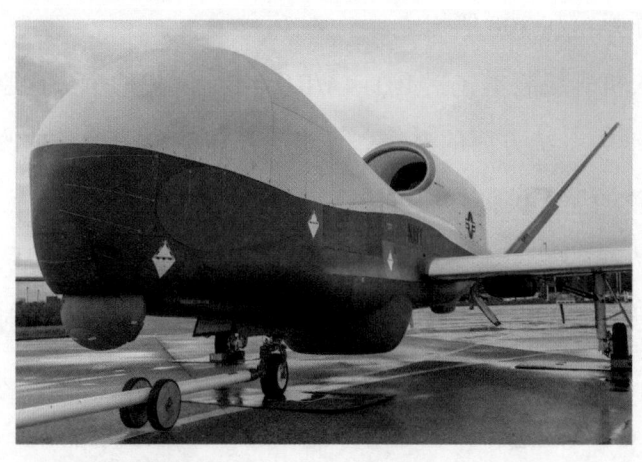

> 专供海军使用的RQ-4C

> 仍采用活塞发动机的 P-3C 巡逻机

　　RQ-4C"人鱼海神"无人机是以美国空军的"全球鹰"无人机为基础，专门为美国海军研制的一款无人侦察机。"人鱼海神"无人机装有特殊传感器和高性能摄像机，包括一台可进行 360 度探测的多功能有源相控阵雷达，活动范围较有人侦察机更大，可以在广大范围内对舰艇的动向实施监视。此外，还将配备武器。美国海军将通过组合使用可在广大范围内进行监视的"人鱼海神"，以及可收集潜艇情报的传统反潜侦察机，来应对不断扩大的他国海洋活动。此外，美国还将研究同拥有数量众多的反潜侦察机的日本海上自卫队的合作。

　　作为 RQ-4C "全球鹰"的重大改进型，MQ-4C 是通过海军"广域海上监视"项目研发成功的。MQ-4C 可在很高的飞行高度上连续飞行 24 小时；更令人不可思议的是，该机的机载 AN/ZPY-3 雷达可扫描面积达数千平方千米的海域，通过光电/红外传感器和自主识别系统，可监视各种水面目标。试验和测试结果表明，MQ-4C 无须借助其他有人机，它本身就可执行很大范围的巡逻任务。

尽管MQ-4C性能卓越，但美国海军决不甘心仅限于它的"单枪匹马"行动：2016年6月，在帕克图辛河航空中心开展了一次飞行测试，MQ-4C无人机通过通用数据链系统成功地与P-8A交换了全动态视频信息。测试验证了MQ-4C利用光电/红外传感器跟踪水面目标，并为数千米外的P-8A机组成员构建态势感知的能力。此外，这次测试还进一步证实了使用两种飞机在广阔海域联合执行任务的互通性。

不仅如此，MQ-4C还完成了一系列重载飞行测试，既显著提高了无人机的滞空时间，也大幅提升了满油状态下的飞行高度，包括6千米、9千米乃至18千米。经过海军测试飞行中队和诺斯洛普·格鲁门公司开展的一系列飞行测试之后，MQ-4C通过了作战评估。根据"广域海上监视"项目的作战需要，美海军计划采购69架MQ-4C，并与117架P-8组成编队，替代目前的196架老旧的P-3C巡逻机。

X-47B，冷落淡出

2013年5月14日这一天，一架采用飞翼布局的隐身无人机——X-47B从"乔治·布什"号航空母舰成功拉起升空，展开一次测试任务，一小时后，它又徐徐降落于马里兰州帕杜克森河海军航空站。

由美国诺斯洛普·格鲁门公司研制的X-47B型无人驾驶飞机，其外形与B-2隐形轰炸机极其相似，因而被称为"缩小版的B-2"。X-47B最大起飞重量超过20吨，

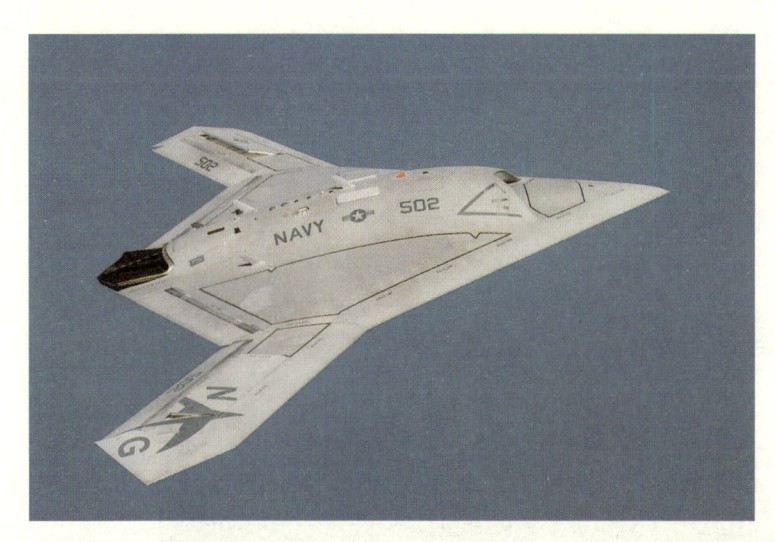

> 飞行中的X-47B无人机

但其空重只有 6 吨多；拥有非常优异的雷达和红外低可探测性，优势在于隐身突防；设计最大时速可以达到 800 千米，最大飞行高度可达 12 千米。X-47B 无人机具备性能极优的空战系统，可以为美军执行的全天候作战任务提供有效的作战支持。X-47B 两个内置弹舱可以各容纳一枚 2000 磅级的 JDAM。

作为世界第一架全尺寸舰载无人机，曾 X-47B 风光无限。自 2011 年完成首次飞行以来，在短短的 4 年间，它曾创造若干项第一：第一次完成陆地弹射起飞试验；第一次从航母上自主起飞；第一次在航母上自主降落；第一次实现在空中自动加油。正因如此，外界将 X-47B 看作无人作战飞机发展的标杆，大有取代有人作战飞机的趋势。

> 正从航母上起飞的"超级大黄蜂"F/A-18E/F 战斗机

> 美军下一代隐身轰炸机 B-21 的模拟效果图

　　自立项开始，美国海军便将 X-47B 定位为舰载远程情报、监视、侦察无人平台，并能对舰载有人作战平台进行补充，执行有限的对地打击任务。但随着 X-47B 性能发展不断突破，被捧得越来越高，美国国会议员们的"自豪感"开始膨胀，硬要让它成为远程无人攻击平台，主要深入敌方境内完成对地攻击任务，其原定的情报、监视、侦察任务却降为次要的了，从而导致 X-47B 在发展中后期任务不断升级变化：从"联合无人侦察作战系统"到"先进无人空战系统"，再变成"超级无人攻击系统"，目标节节升级，难度步步加大，想继续发展已不太可能。

尽管X-47B载荷能力约为2吨、作战半径为3700千米，但是美军一直没有为X-47B量身定制出小型化、精度高、威力足够的配套武器。在这种情况下，X-47B执行远程情报、监视和侦察任务还说得过去，但要让它完成远程对地攻击实在有些勉为其难：首先在于其作战能力远不及美军现有的有人作战飞机，如"超级大黄蜂"F/A-18E/F等；其次，它的攻击能力太弱，打击效能太低，就连是否能生存下来都成问题。实际上，按照X-47B目前的作战性能，一旦进入防空能力较强的国家领空作战，恐怕将有去无回。

可以说，X-47B从滑跑、起飞、平飞至盘旋、转弯和降落，以及围绕加油机减速和伴随飞行等，每一个动作都离不开舰上人员的遥控，所以X-47B的智能化仅体现在自动执行预编程任务上，其自主化程度并不高。面对超强的对抗环境，X-47B根本无法自主完成对地攻击任务，更不可能有制空能力并进行空中作战。实际上，在发展X-47B的同时，美军还启动了对下一代战略轰炸机B-21的研究。从设计和试验数据来看，B-21不但拥有更好的隐身和电子对抗能力，而且其速度、高度、机动性、载荷能力、作战半径等也都有显著提升。B-21服役后，不但能承担远程战略打击任务，还兼具常规的对地侦察和远程对地攻击任务；而它的后一项与X-47B的任务完全重合。应该说，X-47B在作战半径、攻击能力、生存能力等方面远不及 B-21 轰炸机。面临对这两种飞机的选择，尤其是美军总体军费预算难以为继时，X-47B 项目就被看作是重复投资，它的存在自然就没有价值。

X-47B 一度被认为是支撑实施远程打击的一款重器：美航母在敌方陆基反舰弹道导弹 2000 千米射程之外放飞 X-47B 后，只需进行一次空中加油，即可深入敌方境内对目标发起攻击，完成任务后安全返回航母。但随着对手新型陆基反舰武器的射程扩展到 4000 千米以上，如再以 X-47B 区区 3700 千米的作战半径和有限的导弹（或炸弹）与之抗衡，恐怕只能在对方前沿略微显示就得匆忙返回，已经毫无意义。为此，美军摒弃了"空海一体战"战略，转而提出"分布式杀伤"战略。该战略不再依靠航母编队，而是利用在靠近敌方海域分散部署的、搭载远程攻击武器的若干水面舰艇，来增加敌方侦察及瞄准任务的复杂度，使其可能因对付目标太多而无所适从，从而提升美国海上控制和机动能力，抵

> X-47B 最终夭折，没能继续翱翔于蓝天

消敌方"反介入/区域拒止"的优势并有效对其进行破解。也许美军这一战略调整，将成为导致X-47B冷落淡出的最后一项举措。

在新的"分布式杀伤"战略下，美军要让航母继续担当重任，应对敌方"反介入/区域拒止"的战略，维持其现有的攻击能力，就必须延伸其F/A-18E/F等舰载机的作战半径，目前航母上无专门的加油机，不得不采用有人舰载机为其他有人舰载机加油的方式，因此发展舰载无人加油机势在必行。

事实上，X-47B的夭折在情理之中，甚至不失为明智之举。作为全尺寸舰载隐形无人机的验证机，X-47B已经实现了很多突破，完美地体现出了技术的先进性，此时让它下马，实则是见好就收，避免新增添功能研发失败的尴尬。

"黄貂鱼",远程加油

  2018年8月31日,美国海军采购主管宣布,波音公司赢得海军MQ-25"黄貂鱼"舰载无人加油机项目竞标;接着,海军将与其签署价值8.05亿美元的研制合同,随后将以130亿美元的价格购买72架"黄貂鱼"无人机。

  起初,美国海军想要的是一种舰载侦察/打击无人机,后来却演变成一型无人加油机。这种巨大的变化,从一个侧面反映了现代战争中后勤补给依然极其重要,也证实了一句军中名言:打仗就是打补给!

> 美国海军MQ-25"黄貂鱼"舰载无人加油机

> 正在执行空中加油作业的 KA-6D 加油机

舰载加油机是航母舰载机联队的重要组成部分，可起到"力量倍增器"的作用。关于这一点，美国海军感受颇深。2001年阿富汗战争中，美国海军航母舰载机联队首次深入大纵深内陆地区执行任务。舰载机作战半径一般在 800~1000 千米，每次战斗出航，为保证在阿富汗上空有一定的有效留空时间，都需要在空中加油 2~3 次。担任加油任务的是美国空军和英国空军的陆基加油机。这些加油机每次都需要从欧洲和中东地区的北约军事基地起飞，或从印度洋上的迪戈加西亚基地起飞。

对于美国航母舰载机联队来说，加油机"缺位"已经是"骨感"的现实。随着精确制导弹药成为主要打击武器，以及一体化作战信息网络走向成熟，航母舰载机的职能日益多用途化；它们不仅有"专职"，即作为信息网络节点和高精度武器搭载的投射平台，执行侦察、跟踪、监视、打击、电子战等任务，而且能干"兼职"，即遂行伙伴加油任务。这就使得KA-6加油机等用途单一的航母舰载机相继退役。始料不及的是，随着"专职"加油机退役、伙伴加油机"上位"，加油任务迅速攀升到F/A-18E/F主力战机出动架次的25%~30%，严重影响到舰载机联队的战力。正是由于加油任务格外繁重，让舰载机联队深深地认识到，没有加油机，战机的灵活性和作战效能会大打折扣。

> "黄貂鱼"舰载无人加油机使用想象图

"黄貂鱼"无人加油机上舰后经过大量的试验与实践，使得舰载战斗机的作战半径在原有基础上扩大了 480~640 千米，经多次空中加油，舰载战机留空时间和活动范围将成倍增加。若配合高精度远程打击武器，舰载战斗机将有能力深入对手的内陆发起攻击。正式入驻航空母舰后，美国海军可以将原来给其他伙伴担负空中加油任务的那部分"大黄蜂"战机转而投入作战用途。

波音公司的"黄貂鱼"最终能战胜洛克希德·马丁、通用原子、诺斯洛普·格鲁门等 3 家军火巨头，在多轮激烈的比拼中，完成了关键性的"一跃"，靠的是美国海军海上作战体系对无人机系统的现实需求。波音公司给出的其中一项性能指标是，能在距航母 926 千米外提供燃油。有人驾驶战斗机"短腿"的情况将因此得到改善。

实际上，作为舰载无人加油机的"黄貂鱼"已具备三个主要功能：大载油量、长续航力、高隐身性。大载油量是显而易见的：波音公司的"黄貂鱼"无论是从前面还是从侧面看都像一条肥硕的鲸鱼；因为"无人"，所以机体内部容积巨大，所载燃油可以实现为 4~6 架舰载机加油。至于续航力，这种略显肥大的机体能产生一定的升力，加上大展弦比的细长机翼，具有滑翔机一样的升阻比，特别适合超长航时与超远程飞行。这型"黄貂鱼"有浅 V 形尾翼，顶端与圆滚滚的机体顶点差不多齐平，产生升力的作用也大于深 V 形尾翼。它所采用的高涵道比涡扇发动机气动效率高。隐身性方面，尽管美国海军对"黄貂鱼"的隐身性能不作要求，但可以预见，该无人机的隐身性能不会很差。良好的隐身能力对加油机在战场上的生存力来说不可或缺。加油机越靠前部署，作战飞机航程就越远，留空时间也就越长，但加油机自身

面临的威胁也就越大。若不具备隐身性能，加油机很容易成为首选的打击目标。尤其是在"反介入/区域拒止"环境下作战，高隐身性已经成为必然要求。波音方案中的"黄貂鱼"突出了这种低可探测性：机身隆起的脊背，经典的飞翼布局，经过特殊设计的发动机尾喷口，能有效缩小雷达反射面。这型加油机的进气道为背部埋入式设计，没有外露的部件，进气口不仅开在机背，而且与上表面齐平，除非俯视，否则在任何其他角度都不可能看到进气口，有"最极端的隐身设计"之称。"黄貂鱼"定位为加油机，与主力战机相比，多少有些助攻的意味。但在载油、加油的"专业领域"，"黄貂鱼"将是绝对的主力。何况，美国海军已经明确要求，"黄貂鱼"也要能执行情报和侦察任务。

> 最新式的多用途战机 F-35

可以预见，这样一个平台，稍加改装，派生执行携带武器的型号执行打击任务以及电子战欺骗任务应该没有太大难度。

MQ-25黄貂鱼无人机的推出是美军延伸超级大黄蜂战斗机、F-35战斗机的一种途径，但是从根本上无法解决反舰弹道导弹的威慑。可以说，反舰弹道导弹使得对方航母只能游离在2000千米之外。军事专家通过分析还认为：MQ-25黄貂鱼无人机需要在500千米的距离上进行空中加油，这就意味着返航时也需要进行一次空中加油，若不二次加油，就无法返航。一旦MQ-25黄貂鱼无人机被打掉，那么飞出800千米作战半径的超级大黄蜂战斗机和F-35战斗机就只能去海里迫降了。

有不少军事专家认为，MQ-25黄貂鱼无人机从一开始就是个"鸡肋"，空中加油对于超级大黄蜂而言确实没有必要，因为这款没有隐身能力的战斗机根本就无法执行对地打击任务，即便航程足够远也无济于事。

直升机，"火力侦察兵"

1998 年 11 月，美国海军向国防部联合需求评审会提交了一份发展舰载垂直起降战术无人机的作战需求文件：要求拥有一款能够从地面和军舰上垂直起飞与降落，并能在空中稳定悬停的轻型无人机。事情进展得还算顺利。1999 年 8 月，美国海军便开始进行招标，参与竞标的国内外多家公司包括庞巴迪宇航集团、法国南方技术工业公司、贝尔公司、西科斯基公司和诺斯洛普·格鲁门公司。2000 年 2 月 9 日，美国海军对外宣布：诺斯洛普·格鲁门公司"火力侦察兵"无人直升机获胜，军方编号为 RQ-8A。2005 年 7 月，另一款型号为 MQ-8B 的"火力侦察兵"无人直升机曾分别以 74 千米／小时和 96 千米／小时的飞行速度，成功地试射了两枚 MK66 型 70 毫米无制导火箭。这是无人旋翼机首次自主完成实装发射，标志着"火力侦察兵"无人机在武器化进程中迈出了重要一步。紧接着，MQ-8B 无人机的火力打击能力还将进一步加强，上升一个新的台阶。美国海军于 2007 年 6 月授予诺斯洛普·格鲁门公司第一个"火力侦察兵"垂直起降战术无人机小批量生产合同。

> 美军 RQ-8A 无人直升机

　　平心而论，诺斯洛普·格鲁门公司多年精心打磨出来的这款垂直起降无人机——MQ-8"火力侦察兵"确实本领高强，它可完成的任务多多：提供侦察、感知空中态势、支援航空火力、精确瞄准目标等。自问世以来，很长一段时间内，只有海军型和陆军型两个型号：海军型编号为MQ-8A，陆军型编号为MQ-8B。通过稍微辨别，不难发现，MQ-8A"火力侦察兵"和MQ-8B"火力侦察兵"有一处存在很大的不同：MQ-8A旋翼使用3个桨叶，MQ-8B则使用4个桨叶。此外，两者的传感器和航空电子设备也有明显区别。

实际上,"火力侦察兵"无人直升机是由有人直升机"摇身"变成的。整个变化过程中,充分利用成熟的直升机技术和零部件,不仅对机身和燃油箱做一些改进,而且对机载通信系统和电子设备采用了诺—格公司自己研制的"全球鹰"无人机所使用的系统。这样做显然有利于节省成本,缩短研制周期。由于采用了"全球鹰"能力颇强的侦察系统,因此它也是一种性能相当不错的侦察平台。

"火力侦察兵"无人直升机看起来个头不算太大,机长6.97米、翼展8.38米、机高2.87米;该机空重661千克、最大起飞重量1157千克;最大飞行速度213千米/小时,机上装有阿里逊/罗·罗250-C20W发动机,最大航程仅为3个小时。这款无人直升机加装有光电/红外传感器、合成孔径雷达以及激光测距仪,还携载有"地狱火"导弹、激光制导的"低成本精确杀伤火箭"和70毫米"九头蛇"无制导火箭弹等,能够对地面或海上的点、面状目标进行火力打击。

> MQ-8B"火力侦察兵"无人直升机

近年来，美国海军又推出更新一款的MQ-8C"火力侦察兵"，这是诺斯洛普·格鲁门公司为美国海军提供的最新版本。最初，美国海军为濒海战斗舰装配MQ-8C"火力侦察兵"，主要用于执行反小艇任务；但这两年，海军调整了MQ-8C作战运用思路，由MQ-8C搭载传感器在濒海战斗舰担负视距外探测任务，为濒海战斗舰打击超视距目标提供信息输入。此举主要解决两方面的问题：一是濒海战斗舰缺少远程传感器，有了MQ-8C"火力侦察兵"，可以更适合"分布式杀伤"作战概念，并在太平洋地区担负更多的远程作战任务，而非仅承担反小艇任务；二是MQ-8B无人直升机的舰上测试表明，尽管MQ-8B可搭载"先进精确杀伤武器系统"，但濒海战斗舰弹药库仓容有限，无法为MQ-8B/C装载一定数量的武器。

2019年7月9日，美国海军宣布MQ-8C"火力侦察兵"无人直升机已形成初始作战能力，可部署到濒海战斗舰上执行超视距目标侦察任务，全面提升濒海战斗舰态势感知和杀伤能力。MQ-8C之所以本领如此高强，主要在于它的机身采用"贝尔"407民用直升机的机身。其实，如果看标准"贝尔"407，它的最大续航时间不足4个小时，但MQ-8C去掉座椅和机舱

> 外观更大的 MQ-8C "火力侦察兵" 无人直升机

绝热等装置后，又加装了 4 个辅助燃料箱，使得最大续航时间增加到 12 小时；同时，承载能力达到 MQ-8B 的 3 倍。MQ-8C 的最大飞行速度和巡航速度与有人驾驶直升机基本相当，可方便地与武装直升机进行配合和协同。大量实验表明：MQ-8C 一旦升空，其控制能从地面控制站移交给空中平台（如"阿帕奇"或"黑鹰"直升机），从而实现无人机和有人直升机的精密协同作战。

有关专家预计：到 2021 财年，美国海军开始正式部署 MQ-8C，部署总数量将达到 38 架。

"黑翼"机，真的有点牛！

"嗖"的一声，只见一个通体呈灰黑色的飞行物急速蹿出海面，并径直朝斜上方疾驰而去。最初，一些渔民看到这种水中冒出的怪物十分惊愕，立即报给有关部门，后来经证实才知道：这种小型无人机有一个惊悚的名字："黑翼"。它综合采用了航空环境公司的小型无人机技术和"弹簧刀"潜射无人机技术制造而成。

"黑翼"无人机由美国航空环境公司于2015年研发。这款小型无人机是美国海军"潜艇无人系统增益型应对移动目标先进武器"，也是一种低成本的监视工具。该型无人机机长仅为0.5米，

> "黑翼"无人机的展示图

> "黑翼"无人机发射模拟图

重 1.8 千克；机翼收起时，机体呈火箭柱状；能在空中续航飞行约 1 小时。它既能够从水下潜艇或者无人潜航器中的鱼雷发射管进行发射，也能够部署于多种水面船舰和地面车辆中。

"黑翼"装设有先进的微型光电/红外传感器、一体化惯性/GPS自动驾驶仪系统和安全保密的数字式数据链，能与潜艇进行通信并通过 16 号数据链向空中其他飞行器提供目标信息。它可以执行情报、监视和侦察任务，为近岸作战潜艇提供附加保护并进行超视距目标指示，也可以搭载电子摄像机和红外线传感器进行侦察活动。该无人机上还可装反 GPS 欺骗功能，因而又被喻为"潜艇的千里眼与顺风耳"。必要情况下，它还可为特种作战部队作战提供情报、监视与侦察的支持，并担任空中杀手。

实际上，早在 2013 年，美国航空环境公司研制的无人机便参加了由美国海军和太平洋司令部共同支持的"联合能力技术演示"。在这次演示中，多型无人机表现突出，多次赢得美国海军高层的赞许。加之这些年"黑翼"微型无人机所展现的出色性能，美国海军水下作战主管查尔斯·理查德透露：今后美国海军潜艇部队将装备 150 架微型无人机。

生产"黑翼"无人机的航空环境公司无人机系统业务副总裁兼总经理柯克·弗里蒂说，"黑翼"小型无人机项目已获得美国海军多项合同：包括多个型号"黑翼"无人机、传感器载荷及配套原件翻新的订单。自部署以来，"黑翼"已为美国海军水下作战部队提供有价值的全新的作战能力。由于"黑翼"无人机可与多种多样的水面舰艇和机动式地面车辆综合，因此足以整合并部署在多种水面船舰和地面车辆中提供快速的反应和侦察能力。此外，"黑翼"也可在严苛的环境中保障作战人员的安全以及确保任务顺利完成。目前，"黑翼"小型无人机系统已在美国及其他多个国家和地区投入使用。

> "黑翼"小型无人机的作战原理示意图

"神经元"，未来的霸主？

1999年，法国达索航空公司独立研发出了欧洲的第一款隐形无人机"达索"，后来因项目成本太高，没能持续发展下去。在2003年巴黎航展上，法国国防部长宣布与伊德斯公司、达索航空公司和泰利斯公司之间签署了一份重大协议：共同投资实现有关军用无人机技术，使无人机可完成空中作战和战略侦察等更广泛的未来任务，并要求尽快开发出一款等比例缩小版的概念验证机；待验证成熟、评估完成后尽快制造出更大型号无人机，及早装备部队。同年，法国经过认真考虑，决定向其他欧洲国家开放"神经元"无人战斗机

> 正在降落的"神经元"无人机

方案。该项目很快就吸引了不少欧洲国家的关注。不过，这其中并没有英国和德国，因为当时英国已经与美国展开合作研制无人机项目，所以不参加此项目；德国声称自己没有经费研制无人机，因此也没有参加。2005年夏，法国原有研发团队在吸收了瑞典萨伯和沃尔沃航空公司、瑞士鲁格公司、希腊HAI公司及意大利阿莱尼亚等公司后，又签署了一系列详细备忘录和协议，自此标志着"神经元"无人机研发团队正式成立。

2005年底，法国、希腊、意大利、西班牙、瑞典和瑞士六国政府开始向项目注资，一个泛欧先进无人机开发项目开始上马。"神经元"无人机由上述欧洲国家共同研发，可谓真正的"六国研制"，研发总资金为4.05亿欧元。各国根据自己的技术优势与建造能力，采取分工：法国达索航空公司负责飞机的整体设计和飞控系统设计；意大利莱昂纳多公司的武器质量比较高，因此主要负责无人机的武器系统与电子系统；瑞典著名飞机制造商萨博集团协助达索公司参与整体设计，同时独立负责机上的燃油系统；西班牙伊德斯·卡萨公司负责无人机的数据链集成设计；希腊航空航天公司负责无人机的机尾建造与发动机建造；瑞士的朗爱克公司则负责飞机的风洞试验。

从"神经元"无人机的设计和试验来看，这款无人机是欧洲首次完全使用建模与仿真技术来设计和开发的无人作战飞机。它的机身为翼身融合体飞翼式设计与布局，主机翼为直三角机翼，没有尾翼，尾部为W形。无人机机长9.5米，翼展12.5米；空重4.9吨，最大起飞重量6吨；其外形设计和气动布局与美国B2隐身轰炸机十分相似。机身结构材料为全复合材料，表面

> 与"阵风"战斗机一同飞行的"神经元"无人机

也涂有隐身涂层；进气口采用的是低雷达波反射设计，尾喷口也一样采用低红外特征的设计，因此该机具有优异的低可探测性。"神经元"无人机没有驾驶舱，可以减少那些不必要的雷达反射结构，在隐身方面和尺寸控制上要比有人驾驶飞机好得多。不过，机身的中间部位依然做了凸起，此举一是给飞机的电子设备和动力系统提供不小的空间；二是加大机身弹舱的容弹量，称得上一举多得。据法国官方报道证实，这款隐身无人机在雷达屏幕上显示的尺寸如同一只麻雀。

"神经元"无人机上装有一台劳斯莱斯"阿杜尔"M88涡轮风扇发动机，与"阵风"战斗机采用同款发动机，能输出40千牛的推力，可将这款无人机加速到980千米/小时的最大速度；实用升限为14000

万米，续航时间超过 3 小时。机内有两个武器舱，可以携带两枚 500 磅的精密制导炸弹，配合机上全自动作战系统，其空对地作战能力极佳。该无人机还可携带数据中继设备，具备很强的数据链接集合作战能力，如果再配合作战系统，可使这款无人机具备编队飞行能力，即选择由一架先进战机遥控数架编队无人机执行作战任务。例如法国的阵风战机或者瑞典的鹰狮双座型战斗机，可以同时控制 4~5 架"神经元"无人机。"神经元"无人机如果配备侦察设备，可利用自身的隐身性能和机载传感器进行侦察和先期攻击。"神经元"无人机曾进行过一系列的海上测试，法国未来航空母舰上将同时搭载有人驾驶舰载机与舰载无人机两种飞机，彼此真正实现协同作战。

"猎人-B"，后来者居上？

2019年8月，俄罗斯国防部对外正式宣称：已经成功研制出一款新式重型无人机——"猎人-B"。其实，这款无人机早在2011年就已经上马研制，设计型号为S-70，当初确定的目标是研发一款高性能"突袭-侦察综合无人机"。但是，多年来俄罗斯航空工业部门始终拿不出一架能够投入使用的无人机交给俄罗斯空天军。这与其他国家相比，实在是太尴尬了！要知道，俄罗斯号称"第二军事大国"，可在无人机研发与运用方面，却还不如一些世界三四流国家。

> 拍摄于雪地中的"猎人-B"无人机

俄罗斯苏霍伊设计局研制的这款"猎人-B"无人机,机长约10米,翼展约19米,机高约2.8米;采用前三点起落架。机上装一台苏式战斗机使用、带加力燃烧室的AL-31涡扇发动机。最大起飞重量可达22.15吨,载弹量可达2.8吨,最大飞行速度为1000千米/小时,最大飞行高度10.5千米,最大航程3500千米。由此不难看出,"猎人-B"与机长11.63米、翼展18.92米的美国X-47B同属重型无人机。

"猎人-B"无人机采用了飞翼结构布局,这是近年来各国无人机争相运用和发展的方向,包括美国的X-47B和RQ-170、欧洲的"神经元"、英国的"雷神"等无人机都属于这一类型。采用飞翼布局的"猎人-B"无人机将重点集中于机身中部,即机身中部较厚而两侧机翼相对薄一些;很显然这种设计隐身效果要差一些,但在载荷空间上却比较有利,便于设置更大的内置弹仓。

实际上,飞翼布局的优势是在亚音速巡航时的效率比较高,也就是说在亚音速飞行时的阻力小、升阻比大。实践表明,"猎人-B"无人机是亚音速无人机中的佼佼者。"猎人-B"无人机的机身较窄,机头角度尖锐。此种外形,在飞翼式布局中属于"高速"设计。与一些后掠角较小、翼展较大的飞翼相比,"猎人-B"更注重速度机动性能,因为速度性能对于无人攻击机而言,比无人侦察机要重要得多,能大幅度提高其在高烈度对抗战场的生存能力。不过,飞翼布局在超音速飞行时的优势并不大,由于取消了垂尾,航向稳定性不佳。如果今后气动技术依然没有取得突破性进展,其采取大幅度机动时往往不太容易控制。

"猎人-B"无人机的隐身性能十分突出,它采用背负式进气道,没有垂尾,机身上也没有明显的雷达反射结构;而且机上和机体表面

普遍使用复合材料和涂覆隐身涂层，所以对方雷达很难通过探测发现它。不过，与西方先进的无人机相比，"猎人-B"无人机在隐身性能方面仍存在许多明显的缺点：例如无遮挡安装的发动机；机身上还耸立着不少天线，开了不少非隐身设计的进气口；该无人机没有采用S形进气道，没有采用尾喷口温度调节技术；特别是发动机的尾喷管长长地裸露在外，没有安排任何隐身措施。这些都会明显降低无人机的隐身性能。此外，该无人机发动机看上去和机体十分"不搭"，主要是由于该机直接使用了AL-31F发动机，且并未对该发动机进行适应性改进，如去掉加力燃烧室、对排气系统进行修形，以及进行遮挡处理等，以提高后向的雷达隐身性能。当然，对俄罗斯来说，解决这些问题的难度不大，只是需要时间和资金。

> 与俄罗斯战斗机进行对比的"猎人-B"，可见其体型之庞大

不过，"猎人-B"飞翼无人机最主要的问题实际上是飞行控制问题。飞翼气动布局无人机没有垂直尾翼和水平尾翼，飞机的安定性和操纵性较差，一旦发生飞机偏转或纵向摆动，飞机气动阻力很弱，难以及时纠正，加之多数控制面都位于机翼后方，这些控制面之间相互耦合，所以解决飞行控制问题对于飞翼布局无人机来说至关重要。

"猎人-B"无人机装有光电和红外传感器及信号情报系统，主要担负情报、监视、侦察以及电子战等任务。"猎人-B"还装有卫星通信设备，使"猎人-B"具有了可在俄罗斯境内指挥、在全球作战的能力。不仅如此，其小巧玲珑的机身却有着大号的内置弹药仓，使其拥有出色的对地打击和投掷能力，能够实现远距离隐蔽攻击。该无人机还配备了多用途主动相控阵雷达，可同时跟踪数十个空中、海上和地面目标，并在必要时对目标予以打击。下一步，俄罗斯还将为其研制多种空对空和空对地弹药。

> 与苏-57执行协同作战任务的"猎人-B"无人机

2019年，俄新西伯利亚飞机制造厂试飞站除了对"猎人-B"无人机进行一系列试验外，俄空天军还对其进行了与有人战斗机的各种协同作战试验，演练"猎人-B"发展成苏-57僚机的潜力，多架"猎人-B"在苏-57的指挥下与后者协同作战等科目。同年9月27日，俄罗斯"猎人-B"无人机首次与苏-57战机组成编队进行了联合飞行，整个飞行时间持续了30多分钟。

正如有人形容的那样，"猎人-B"无人机面世时间虽短，但对俄罗斯具有开创性意义，相信不久的将来会很快加入俄空天军。未来的它宛如一击致命的"猎手"，可以配合苏-57隐身战斗机，成为"点穴""踹门"行动的先锋。

"雷神"机，"高大上"机型

英国是一个老牌工业大国和军事大国，虽然第二次世界大战后实力明显衰退，但对各项武器装备的研发从来不愿意"落在"其他国家之后，军用无人机也是如此。

早在20世纪80年代，英国国防部就与BAE系统公司的前身英国航空航天公司联合启动了替换"狂风"攻击机的"未来攻击机"计划。该计划经过多次演变，2005年，英国国防部首次公开了一项被称为"战略无人机试验"的计划，并授予BAE系统公司一项风险降低合同，这表明英国正式将发展隐身无人作战飞机列入未来空中力量发展计划之中。BAE系统公司通过"茶隼""渡鸦"等无人验证机，先后研究了隐身无人作战飞机的多项关键技术。2006年12月，英国国防部将隐身无人作战飞机全尺寸验证机合同正式授予BAE系统公司（除了BAE公司，罗·罗公司、GE航空公司等公司也参与了这项计划），合同价值1.24亿英镑。英国国防部将这项计划正式命名为"雷神"。2007年11月，BAE系统公司举行了机体加工启动仪式。2009年7月，BAE系统公司完成了首架"雷神"无人机的装配工作，随后该机进入了地面系统测试阶段。根据计划，"雷神"无人机本应在2012年下半年完成首飞，但直到2013年10月才完成首次飞行（由于技术问题导致首飞时间推迟）。

空中多面手 MILITARY UAV

> 陈列在展区的 BAE 系统公司"雷神"无人机

121

"雷神"无人机机长11.35米，翼展9.1米，机高4米；起飞重量约为8吨，最大航程为3000千米左右；首架"雷神"验证机的造价为3亿美元。与许多国家隐身作战无人机一样，"雷神"无人机也采用了飞翼式布局，没有独立的外翼和尾翼；主体结构可分为中央翼和两侧外翼，两侧外翼上下翼面上各设置了两片控制面。这种中置翼布局的优点是飞机外形流畅圆滑，有利于提高飞机的隐身能力。机翼前缘后掠角较大，后缘呈M形状，安装有2个操纵面，结合电传飞控系统进行综合控制。"雷神"无人机采用前三点式起落架，前机轮设置在机头下方，后机轮设置在中央翼和两侧外翼的连接处。

该机在机体中线位置安装了一台"阿杜尔"MK951型涡扇发动机（法国等多国联合研制的"神经元"无人机也采用了"阿杜尔"MK951型发动机）。在"雷神"无人机早期设计阶段，该机曾考虑过采用EJ200型涡扇发动机，后经过细致的论证，BAE系统公司放弃采用EJ200发动机，原因是该发动机的尺寸过大，如果采用EJ200发动机，无人机机体尺寸就必须增大10%左右，从而可能导致该机的雷达反射截面积增大近20%。"阿杜尔"MK951型的涵道比为0.8，发动机的最大推力为29千牛，该型发动机是一型优秀的中等推力发动机，已经被T-45、"鹰"式教练机等飞机采用。至于最终定型的"雷神"无人机，"阿杜尔"MK951型发动机只是一个过渡，可能会采用推力更大、综合性能更好的发动机。进气口设置在机体上方，为三角形形状，进气道采用了前缘曲度较大的S型进气道；尾喷管则采用了异性遮蔽式固定喷管，既有利于喷气的快速扩散，也有助于降低红外信号。

> BAE 系统公司推出的另一款轻型无人机 Herti XPA-1B

　　无尾飞翼布局带来一个比较麻烦的问题是，静不安定性突出。"雷神"无人机采用数字式电传操作系统结合对控制面的耦合控制，可保证无人机三轴稳定，以及不错的控制能力。"雷神"无人机采用可收放的机翼操纵面，能根据控制指令实现差动，提供偏航力矩。此外，该无人机在起飞降落时放下的起落架舱门也可以起到垂尾的功能，提高低速飞行时航向的稳定性。"雷神"无人机还试验了射流推力矢量和循环控制等技术，通过射流推力矢量来获得飞机的俯仰和滚转控制力，由此可以取消襟翼和副翼等，有利于进一步提高飞机的隐身能力。

> 展示中的"阿拉姆"反辐射导弹

"雷神"验证机配备了由惯性导航系统、全球定位系统、数字地图等组成的导航控制系统。这套系统能够自主控制无人机滑行、起飞，然后朝预定目标空域飞行，在飞行过程中，能够对飞行区域的威胁或意外情况做出反应。BAE 系统公司为"雷神"无人机研制的火控系统包括雷达和光电传感器等搜索装置，无人机在进入目标区域后，利用机载搜索装置和数据链将目标信息传输给操作员，获得授权后无人机将自主攻击目标。

"雷神"无人机机腹下面设置了一个弹舱，采用的是左右开启的双扇中等尺寸弹舱门；机上大概能携带 1.2 吨左右弹药，可搭载武器包括："硫黄石"空地导弹、"阿拉姆"反辐射导弹、"宝石路"4 复合制导炸弹等弹药。

按照最初计划，英国"雷神"无人机将于 2020 年之后装备部队。因为该无人机具有超音速巡航能力，再加上出色的隐身能力，所以在战争初期能穿透严密的防空体系，与中远程巡航导弹、F-35 隐身战斗机等武器一道充当"踢门者"的角色，通过全方位、多维度打击敌纵深战略目标，进一步增强英国的纵深打击能力。除了作为空中打击平台，英国还有意在"雷神"无人机基础上发展隐身无人侦察机，机上将配备雷达、光学等侦察设备，承担空中侦察和监视任务，从而提高英国空军的战略和战术侦察能力。

毫无疑问，"雷神"无人机称得上是一个"高大上"的机型，不仅具备航程大、隐身好的特点，而且具备超音速巡航能力，就是价格偏贵了点（单机近 3 亿美元）。

MILITA

军用无人机的未来发展

隐身化水平更高

　　未来战争，无论是侦察无人机，或是作战无人机，抑或是察打一体无人机，由于担负任务越来越多、出动率越来越高，遭到对方抗击的概率也会越来越大，受损伤的概率也就越来越大，因此其隐身性能就变得越来越重要。在未来的空（海）战中，隐身无人机将会与对方各种防空武器展开激烈博弈以及巅峰对决。那么到底鹿死谁手？就看谁技高一筹，谁的武器性能更为优越。无人机的隐身性能便是一项关键技术。未来军用无人机所采用的隐身技术和手段主要有以下几种：

　　一是采用更优异的隐身气动外形，减少表面缝隙和凸起。无人机外形对其雷达反射截面积大小的影响非常大，因此必须优化设计与合理控制无人机的外形，避免机体采用较大的平面和凸状弯曲面，而采用机翼、机身、尾翼和短舱连接处光滑过渡，机翼与机身高度融合的构型；采用倾斜式双垂尾，甚至无垂尾、平尾等构型，将可实现无人机雷达反射截面积最小化。对于发动机进气道、尾喷管、排气口等凹状结构，利用机体的某一部分遮蔽发动机的进气道或尾喷口；

空中多面手　MILITARY UAV

> 最新式的无人机已经具备超强的隐身外形

对于进气道，采用进气口斜切以及将进气道设计成S形，既可遮挡电磁波直射到压气机叶片上，又可使进入进气道内的电磁波经过多次反射后回波减弱，从而有效地减少进气道的散射效应。

二是使用先进的吸收雷达波的材料和涂料，以及透波材料。未来无人机将更广泛地使用极为先进的雷达吸波材料和雷达透波材料，以及涂敷能够吸收红外光的涂料。无人机由于外形尺寸比有人飞机小，因此部分或大部分使用复合材料比有人飞机要容易实现（复合材料由一些非金属材料和绝缘材料组成，其导电率要比金属材料低得多），这样雷达发射的电磁波碰到复合材料时，便难以感应生成电磁流和建立起电磁场，因而向雷达二次辐射能量少。雷达透波材料则对电磁波不发生作用而对其保持透明状态的非金属类复合材料，如石墨—环氧树脂、凯夫拉等有明显作用（但透波材料在减小雷达散射截面积方面作用并不大）。今后还将研究与应用更新型的隐身材料，例如手性材料、纳米材料、导电高聚物材料、多晶铁纤维吸收剂等，使隐身技术更进一步。

三是要明显减小机上发动机及尾喷管的红外信号特征。减小发动机尾喷管或排气口的红外辐射；采用隔热材料对发动机进行隔热，延长发动机尾喷管并采用热保护层；用机身或发动机排气口周围的环形来遮蔽红外辐射；改进发动机喷管的设计，比如采用二元喷口（包括S形），可以使发动机的燃气流按选定的方向排出，且容易与外界空气掺混而增加尾焰的周长，从而加快燃气的冷却速度。此外，进一步研发加入防红外辐射化学原料的发动机燃料，使无人机的红外信号特征大幅降低，以躲避对方红外探测系统的探测。

朝高空长航时发展

未来军用无人机除了加强隐身性能外,还会提高续航能力与飞行高度,增加续航时间可以扩大作战半径,提升工作高度,从而达到增强隐蔽性,减少被对方打击的可能性。例如,可利用太阳能作为动力支持,在理想情况下,无人机的持续飞行时间可提高到几个月。未来,各无人机拥有国尤其是军用无人机大国,都会加大对飞行高度与大续航力的研究,使无人机能够临近最高空,并能在不同高度停留更长时间,这样情报收集与战时观察任务就可以持续进行,利用高度优势实施远距离打击袭扰就变得更加安全有效。美军早已决定在2020年之后,由卫星与高空长航时无人机共同完成高空侦察监视任务,完全替代传统的有人驾驶侦察机。

> 高续航力的军用无人机已经成为一个发展趋势

超高速更进一步

> 美军SR-71"黑鸟"曾是高空高速侦察机的代名词,如今已被高空高速无人机所取代

　　今后会有更多的国家加速发展超高速无人机。超高速无人机一般是指巡航速度大于5马赫的无人机,这种无人机需要通过火箭发动机、航空发动机和超燃冲压发动机组合实现超高速飞行。超长航时无人机一般是指续航时间在48小时以上的无人机,这类无人机动力能源问题将通过太阳能、燃料电池、液氢发动机和核动力来解决。例如,美国波音公司研制的创造性的液氢动力"鬼眼"无人机,可在2万米高空持续飞行4天,连续执行监视和侦察任务,而且它产生的副产品只有水,非常环保。美国科学家已经完成了新一代核动力无人机的理论与可行性研究。核动力新技术不仅能让无人机连续飞行时间从"天"增加到"月",还能给无人机武器、控制等系统增加动力,此举必将给无人机动力技术带来革命性的变化。此外,还有一种无

人机是采用火箭助推、无动力滑翔方式飞行，通过火箭把无人机带到大气层临界位置，然后以一定的角度和速度砸向大气层，实现乘波飞行。这个方式类似于玩"水上漂"，让石子在水上漂行，而大气层就相当于水面。在这种状态下，无人机最大速度可达 20 马赫。这种无人战机一旦投入使用，将改变战争形态和"游戏规则"，使现有的攻防体系完全失效，既有的防御手段将面临新的重大威胁。

任务载荷模块化

> 小巧玲珑的"郊狼"型无人机

　　随着无人机战技术性能的发展，需要担负的任务变得越来越多，需要安装的载荷也越来越多。这样就导致了在无人机空间不变的情况下，载荷需要做得越来越小，并且可以随时用模块进行更换。例如，合成孔径雷达不受光照和气候等条件限制，能全时空、全天候对地观测，图像清晰度明显优于光电和红外传感器，甚至接近照片的质量；但是其重量比较大，耗能比较高，所以不太适合装载到无人机上。随着各项技术快速发展，任务载荷的制造技术和工艺水平的不断提高，新型材料的不断推出与运用，任务载荷小型化、模块化将会及早实现。

由于多项高新技术的问世，微小无人机将异军突起。微型无人机是指外形尺寸介于鹰和大型蝗虫之间的无人机；小型无人机则指起飞总重大于2.3千克、小于25千克的无人机。这类微小无人机更多地应用于特种部队"蜂群"作战上，未来"蜂群"作战将成为各国军队重要的发展方向。美国海军已在测试低成本无人机蜂群作战技术（LOCUST）：该项目采用的廉价的"郊狼"型无人机重量在6千克左右，时速145千米/小时，由无人机大炮接连发射升空。

大幅提升智能化

未来的无人机将大幅提升智能化，既可以用人工对其实现远程控制，也可以自主飞行。在遇到突发状况时，无人机可按照预先编制好的程序，也可在脱离远程指挥的情况下，自主"灵活"地躲避危险，完成任务。

美国在《2013~2038年无人系统综合路线图》中提出了无人系统面临的9项瓶颈技术，其中互操作性、自主性、通信、安全、传感器、计算机等6项都与信息技术密切相关。由此可见，信息技术的发展起到了关键性的推动作用。随着信息技术的提升，未来无人机的发展将出现三个特点：首先，无人机发展与新兴信息技术产业密切相关。大数据、云计算、物联网（含互联网）等新兴信息技术产业的发展，正在深刻影响着无人机技术的变革。其次，信息基础设施将成为无人机组网测控和飞行管理的重要依托。移动通信基础设施、互联网基础设施以及广播电视基础设施，都将成为无人机组网和飞行管理的重要依托。再次，人工智能技术是提升无人机应用能力的颠覆技术之首。毫无疑问，人工智能技术对无人机的发展起到核心引导作用。从人工智能角度来看，无人机将从三个方面寻求发展：单机智能飞行、多机智能协同、任务自主智能。目前无人机在执行察打结合任务时，还需要技术人员通过屏幕远程操作，观察

空中多面手 MILITARY UAV

> 无须质疑的是，无人机将在未来战争中扮演愈加重要的角色

137

物体是不是目标，能不能进行打击，未来军用无人机则能够自行进行判断并决定是否进行打击，这也是军用无人机应用的最高境界。

战争形态演变是未来智能化战争的催化剂，因此从现在起就要以时不我待的使命感、责任感，加快智能化武器装备的研发创新，加强智能化战争的训练模式和演习，做好应对智能化战争挑战的准备。